农业干旱卫星遥感监测预报技术研究

王志伟 武永利 等 编著

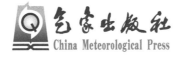

气象出版社
China Meteorological Press

内 容 简 介

本书基于自动气象站的实时监测资料和风云三号、风云二号气象卫星遥感数据,分别利用三种类型的模型:统计模型、遥感模型、数值模型,对山西省进行干旱实时监测和预警的研究。全书分为10章,分别为概论、研究数据和数据处理、基于统计模型的干旱监测、基于遥感模型的干旱监测、基于数值模型的干旱监测、干旱监测模型评估、作物需水灌溉量研究、干旱预测预警、业务产品开发与应用、研究成果和创新点。本书系统地介绍了统计和遥感相结合的基于蒸散的干旱监测模型基本理论、基本原理、基本方法和多种模型验证结果,力求为干旱业务监测提供新的思路,达到对干旱的发生发展进行动态跟踪监测,进而及时掌握危害程度,为政府和有关部门提供及时有效和准确可靠的决策信息,使抗旱工作具有更充分的科学依据。

本书可供农业生产部门、气象、林业等单位和院校查阅参考。

图书在版编目(CIP)数据

农业干旱卫星遥感监测预报技术研究 / 王志伟等编
著. — 北京:气象出版社,2019.12
    ISBN 978-7-5029-7116-8

    Ⅰ.①农… Ⅱ.①王… Ⅲ.①卫星遥感-应用-农业
-干旱-监测预报-研究 Ⅳ.①P426.615

中国版本图书馆 CIP 数据核字(2019)第 276325 号

Nongye Ganhan Weixing Yaogan Jiance Yubao Jishu Yanjiu
农业干旱卫星遥感监测预报技术研究
王志伟　武永利 等 编著

出版发行:气象出版社

地　　址: 北京市海淀区中关村南大街 46 号	**邮政编码:** 100081
电　　话: 010-68407112(总编室)　010-68408042(发行部)	
网　　址: http://www.qxcbs.com	**E-mail:** qxcbs@cma.gov.cn
责任编辑: 隋珂珂	**终　　审:** 吴晓鹏
责任校对: 王丽梅	**责任技编:** 赵相宁
封面设计: 博雅思企划	
印　　刷: 北京建宏印刷有限公司	
开　　本: 787 mm×1092 mm　1/16	**印　　张:** 6.75
字　　数: 170 千字	
版　　次: 2019 年 12 月第 1 版	**印　　次:** 2019 年 12 月第 1 次印刷
定　　价: 65.00 元	

本书如存在文字不清、漏印以及缺页、倒页、脱页等,请与本社发行部联系调换

《农业干旱卫星遥感监测预报技术研究》
编委会

前　言

　　山西地处中纬度地带的华北黄土高原,大气环流的季节性变化明显,属大陆性季风气候。其自然条件复杂,干旱灾害频繁,由此造成的经济损失巨大,严重制约了当地的可持续发展。气候特征表现为:春季风大、干燥、少雨,沙尘暴、扬沙、浮尘天气时有发生,天气冷暖多变,降水稀少,平均 10 年中有 9 年出现干旱,故有"十年九旱"之说。与低温冷害、霜冻、冰雹、连阴雨、病虫害等其他自然灾害相比,干旱灾害出现的频率最高,持续时间最长,影响范围最大。干旱灾害平均每年使 20%～25% 的耕地遭受不同程度的损害,是其他各类灾害总和的 2 倍,严重的干旱灾害直接影响山西省农作物的产量,致使农业经济运行欠佳,不仅威胁到人民群众的生产、生活质量和生命财产安全,还间接影响相关行业的发展,大大阻碍了山西省经济、社会和环境的可持续发展。

　　山西省气象局承担着监测本省范围内干旱情况的主要工作,干旱监测业务工作由山西省气候中心完成。气候中心干旱监测主要由土壤墒情监测、气象干旱监测和遥感干旱监测三部分组成,是山西省利用卫星遥感开展干旱监测的主要单位。EOS/MODIS 遥感资料被广泛地应用于区域干旱监测,但监测结果误差较大。2008 年中国首颗新一代极轨气象卫星风云三号(FY-3A 卫星)发射成功;2010 年 FY-3B 发射。FY-3 气象卫星上携带 11 个对地观测仪器,其中包括 2 个重要的成像仪器组:10 通道可见光红外扫描箱辐射计(VIRR)和 20 通道中分辨率成像光谱仪(MERSI);其中 MERSI 传感器具有 5 个空间分辨率 250 m 的通道,相较于 MO-DIS 的 2 个 250 m 通道数据,具有无可比拟的优势;尤其是增加了一个热红外通道,为精细化遥感干旱监测研究提供了新的数据来源。山西省气候中心 2010 年底开始接收 FY-3A 星与 B星信号,已累积 8 年完整资料。

　　国内利用遥感数据进行干旱监测已开展不少研究,主要集中在利用植被指数和表观热惯量法的干旱监测,并在此基础上,扩展了其他模型,但这些模型多处在科研试验阶段,且均针对某一特定区域,通用性欠佳,尚不能完全满足实际业务工作的需要。加之山西省地表形态复杂多变,因此,通用的干旱监测法在山西的应用也有必要结合当地特征专门研究。用模型进行旱情反演模拟是农业气象当下研究的一个热门方向,模型集中了科学界对农业、气象、遥感等许多学科的最新研究成果。基于能量平衡法的单层与双层遥感蒸散模型可明显提高区域蒸散估算精度,基于蒸散模型的蒸散胁迫指数(ESI)具有很强的区域干旱监测能力,多元遥感数据融合技术、陆面数据同化系统与遥感蒸散模型的结合将成为干旱监测领域未来研究的热点。

　　本书基于自动气象站的实时监测资料和 FY-3、FY-2 气象卫星遥感数据,分别利用统计模型、遥感模型、数值模型,对山西省进行干旱实时监测和预警的研究。全书主要分为 10 章。第1 章概论由王志伟完成,第 2 章研究数据和数据处理由赵永强和栾青完成。第 3 章基于统计模型的干旱监测由王志伟完成,第 4 章基于遥感模型的干旱监测由武永利完成,第 5 章基于数值模型的干旱监测由田国珍和米晓楠完成,第 6 章干旱监测模型评估由王志伟完成,第 7 章作物需水灌溉量研究由王红霞完成,第 8 章干旱预测预警由李燕和闫加海完成,第 9 章业务产品开发与应用由米晓楠和田国珍完成,第 10 章研究成果和创新点由梁亚春完成。

　　全书系统地介绍了统计和遥感相结合的基于蒸散的干旱监测模型基本理论、基本原理、基本方法和多种模型验证结果,力求为干旱业务监测预警提供新思路,实现对干旱实时动态跟踪监测,适时掌握危害程度的目标。旨在为政府和有关部门提供及时有效和准确可靠的决策信息,使抗旱工作具有更充分的科学依据。

作者
2019 年 10 月

目　录

第 1 章　概　论

　　山西地处中纬度地带的华北黄土高原,大气环流的季节性变化明显,属大陆性季风气候,自然条件复杂,频繁的水旱灾害造成的损失巨大,严重制约着山西经济的可持续发展。春季风大、干燥、少雨,沙尘暴、扬沙、浮尘天气时有发生,天气冷暖多变,降水稀少,1949—1990 年共发生旱情 48 次,平均 10 年中有 9 年出现干旱,故有十年九旱之说。与其他自然灾害相比,干旱灾害出现的频率最高,持续时间最长,影响的范围最大。干旱灾害平均每年使 20%～25%的耕地遭受不同程度的损害,是其他各类灾害总和的 2 倍。严重的干旱灾害直接影响着山西省农作物的产量,致使农业经济运行欠佳,居民的生产、生活质量和生命财产安全受到威胁,并间接影响到第二、三产业中相关行业的发展,大大阻碍了山西省经济、社会和环境的可持续发展(李茂松等,2003;王红霞,2017)。所以,进行旱情的监测、预警和评估,为粮食安全以及社会经济决策提供有用的信息,从而保证山西省农业生产的安全十分必要(王红霞等,2011)。

　　干旱作为一种缓变的现象,其严重程度是逐渐积累的,这就为干旱的监测和早期的预警带来了方便和可能。灾害的发生具有明显的空间和时间特性。空间特性是指灾害的发生总是落在某一个地域范围内,受影响的是一个面而不是一个点;时间特性是指灾害的发生具有明显的季节性、不同尺度的周期性。干旱监测方法分为地面监测方法和空间监测方法。地面监测方法是利用地面点的数据,通过统计分析进行干旱监测。传统的地面监测方法不能及时地对旱情信息进行快速、准确预报。空间监测方法是随着卫星遥感技术的发展而来并逐渐趋于成熟,通过测量土壤表面反射或发射的电磁能量,探讨遥感获取的信息与土壤湿度之间的关系,从而反演出地表土壤湿度,此法监测土壤湿度不仅可以得到土壤湿度在空间上的分布状况和时间上的变化情况,还可以进行长期动态监测,具有监测范围广、速度快、成本低等特点。

1.1　常规干旱监测方法

　　土壤水分与干旱监测的方法主要有两类:一类是传统方法,利用地面观测站网进行土壤湿度监测。常见的方法有:称重烘干法、中子法、TDR 法等,其主要优点是单点测量精度较高,不足是采样点有限,加之土壤特性不均一性强,单点数据很难代表大面积状况,花费的人力、物力较大;第二类方法是利用卫星遥感进行土壤水分与干旱监测。相对成熟且应用较广的方法有:热惯量法、距平植被指数法、植被供水指数法、作物缺水指数法、温度植被指数法等(全兆远等,2007)。

　　农田土壤水分的传统获取方法在操作上具有费时、费力、效率低下、破坏地表、测点不具有代表性等缺点,无法实现土壤水分的宏观动态监测。遥感技术的出现且技术不断成熟,给土壤水分的宏观、实时、动态监测提供了新的思路和补充，在一定程度上弥补了土壤水分传统测量方法的不足。

土壤水分的遥感估测方法是通过测量土壤表面发射或反射的电磁能量，研究地表遥感信息与土壤湿度间的关系，建立土壤湿度与遥感数据间的信息模型，从而反演出土壤水分。其时效快、动态对比性强，为大面积地表水分的实时准确监测提供了有效手段。目前该领域的研究主要分为热惯量模型、植被指数法模型、温度和植被指数的模型、蒸散模型、微波遥感模型等。

基于热惯量的模型从土壤本身的热特性出发，将土壤—植被—大气系统作为一层热量平衡来考虑，对土壤和植被不作区分，要求获取纯土壤单元的温度信息，但当有植被覆盖时，受混合像元分解技术的限制精度将降低，因此热惯量法主要应用于裸土条件下（李亚春等，2000）。

基于植被指数法 NDVI 的模型优点是简单、易行，具有大范围监测土壤含水量的实用性。其缺陷首先是，该方法是根据植被覆盖状况的变化来进行的，严重依赖于地表植被，且植被指数反映的地面土壤水分状况是相对于 NDVI（归一化植被指数）的均值，而 NDVI 的均值本身就是一个不定的值，其不确定性将对结果产生很大的误差。其次，植被指数法几乎完全依赖植被的长势，当处于非生长期时就无法正确反映干旱程度。

基于温度和植被指数的模型优点是兼顾了土壤和植被进行土壤水分的反演，缺点是土壤和植被对土壤水分的反映不同步，这必然影响到监测的准确性，所以有必要对土壤和植被对土壤水分的时效性进行深入研究（齐述华等，2003）。

基于地区蒸散量的模型兼顾能量守恒原理、气象学原理和植物水分生理学原理，科学性较强。但是，基于蒸散的干旱模型较为复杂，涉及大量参数，特别是各种阻抗有一定的地域性，它们的确定没有确切的方法，往往需依赖于经验，各种简化模型也不例外，使其难于推广到生产实践中。

基于微波遥感的模型以其高精度被认为是最终解决土壤水分监测的方法，但由于受微波成像机理等因素所限，目前微波遥感数据难以在空间分辨率和时间分辨率上与光学、红外遥感数据相媲美。且无论是机载还是星载微波遥感，都存在成本高、业务上难以推广使用的问题。

以上综述的干旱监测方法中，基于土壤热惯量的土壤水分监测方法，由于受到植被影响，通常在裸土或低植被覆盖地区具有较好的应用；基于植被指数的土壤水分监测方法，在中高植被覆盖度区域具有相对较好的应用效果，可从植被长势和冠层含水两方面进行土壤水分监测，但是易受其他环境因素的影响。这两类模型本质上都是机理性的，需要建立土壤水分与模型结果的相关关系。

基于蒸散模型的土壤水分监测方法理论上适合于从作物发育早期到作物发育后期的不同作物生育期，具有较强的理论基础（辛晓洲等，2003），但是由于模型中的地表热力学参数通常利用经验获取，限制了其应用。基于温度和植被指数的方法，优点是兼顾了土壤和植被对土壤水分的响应，对于地表覆盖类型多样的地区较为适宜。前者是基于过程的干旱监测方法，而后者是基于经验统计的干旱监测方法，前者需要较多的输入参数，而后者在应用中需要满足一定的假设条件，两者之间监测预测结果的对比，前人研究较少，尤其是对于地表状况复杂情况下的对照分析，很有必要详细探究。因此本研究在广泛阅读文献和结合当前山西开展的遥感干旱监测业务工作情况下，选取植被供水指数（VSWI）和温度植被干旱指数（TVDI）以及作物缺水指数（CWSI）三种方法进行干旱监测，并结合全省农业气象台站测定的土壤湿度数据对监测结果进行比较分析和验证，最终得到适宜山西省的干旱综合监测模型；进一步利用中期、短期气候预测产品,结合遥感干旱监测结果,根据农田土壤水分变化模型,预测未来农田水分的盈亏状况,开展土壤墒情等级预报服务。

1.2 干旱研究现状

土壤水分是土壤的一个重要组成部分,是影响农作物生长发育和产量预报的重要参数,同时也是表征土地退化和干旱的重要指标。因此,探讨快速、准确的监测土壤水分变化的方法,具有重要的现实意义和科学价值。

传统的土壤水分测量方法很难高效率地获取大范围的土壤水分,具有宏观、动态和快速等特点的遥感方法已发展成为区域性土壤水分和农作物干旱监测、评估的重要手段。遥感方法获取土壤水分是通过测量土壤表面反射或发射的电磁能量,通过遥感获取的信息,探讨其与土壤水分之间的关系,从而反演出地表土壤水分。由于遥感获取的参数与土壤水分的关系复杂,如何利用遥感方法监测大区域范围内土壤水分的时空分布和变化仍是目前研究的一个重点。

随着新的卫星发射升空,越来越多遥感资料将应用到干旱监测中。现有的方法与实测数据之间有一定的差距,寻找一种更接近实测资料的遥感干旱监测方法在今后遥感干旱监测中是非常必要的。目前国内外基于遥感模型的旱情监测、预测用到的数据多是 MODIS、AVHRR、ASTR、TM 等国外卫星遥感资料。2008 年 5 月我国发射的最新极轨气象卫星 FY-3A,搭载了在通道设置上与目前国际上应用较多的 MODIS 有许多相似之处的传感器 MER-SI,将其空间分辨率 250 m 的通道增加到五个通道。由此,应用该数据进行土壤水分的监测研究,反演精度大大提高,同时对提升中国卫星遥感自主应用能力、在业务系统中减少对国外遥感数据的依赖、确保中国干旱监测的及时性和准确性具有十分重要的意义。

当前,用模型对全世界各地的农作物进行相关反演模拟是农业气象研究的一个很热门的方向,模型集中了当今科学界对农业、气象、环境等许多学科的最新研究成果。目前,国内外遥感监测土壤水分主要以气象卫星、侧视雷达等为主,探讨的主要研究领域是可见光——近红外、热红外及微波波段遥感。以蒸散作为主要参数的农业模型不但考虑了地表温度和地表覆盖情况,还考虑了大气边界层的温、湿、风、压,物理机制更加明确,明显提高了区域蒸散估算精度,而且基于蒸散模型的作物缺水指数(CWSI)具有很强的区域干旱监测能力。SEBS、SE-BAL、BEPS 等模型在农田蒸散模拟方面得到了极其广泛的应用。本研究将改进的 SEBS 模型应用于区域干旱监测中,利用风云三号 MERSI 数据,基于 SEBS 模型计算 CWSI 指数,并与 TVDI、VSWI、实测土壤湿度和累计降水量进行对比验证,探讨 SEBS 模型在干旱监测中的效果,并为开展干旱的监测和抗灾减灾提供依据数据支持。

土壤墒情的变化在不考虑灌溉条件下,主要是由温、风、湿、降雨等气象要素的变化引起的,由于现在气象业务部门可以做到未来一周到一旬的重要气象要素预报,因此通过气象要素的预报来预测土壤水分的变化就变得可能。

山西省十年九旱,农业依旧是"靠天吃饭",及时掌握农业干旱状况、及时提出预测预警信息,提供给政府决策部门,可及时采取措施避害趋利,保障粮食生产,对"三农"建设和服务意义重大。

第 2 章　研究数据和数据处理

2.1　研究区干旱概况

山西省属典型大陆季风型气候,干旱是山西最主要的气象灾害。旱灾与其他洪涝、冰雹等气象灾害相比,具有范围广、历时长、灾情重的特点,是其他各种气象灾害总和的 2 倍(刘庆桐,2003)。干旱对山西农业生产的影响特别严重,几乎每年都有干旱发生,从 1975—2005 年的统计资料看,山西省年平均干旱受灾面积约为 1590 千公顷,而成灾面积平均高达 60% 以上,同时干旱受灾面积平均占全部农作物受灾面积的 60% 左右(周晋红等,2009)。2008 年入冬以后,我国北方大部分地区降水稀少,全国大部分地区发生旱情,部分地区粮食作物受旱严重,其中冬小麦受旱影响最为严重,干旱已成为河南、山西等地农业生产中最为突出的问题(胡荣辰等,2009)。2008 年 10 月—2009 年 1 月,旱灾席卷整个北方大地,从南到北,都未能幸免。在此期间山西境内几乎没有降水,特别是山西北部,连续 250 天有效降水几乎为 0,这使晋北大部分地区出现了罕见的秋、冬、春三季连续干旱。2009 年 4 月下旬,山西省发生大面积干旱,吕梁市、临汾市和运城市的局部地区发生重度干旱。2009 年 6 月 21 日夏至节令过后,旱情一步步演化为旱灾,农田撂荒、禾苗枯萎、树木旱死,部分地区人畜饮水困难,畜牧业面临严重威胁。由于持续降水偏少、气温偏高,2009 年 8 月中旬,山西省旬平均降水量为 22.8 mm,较常年平均值偏少 3 成。从这些山西省气象局的服务材料中可以看出,2009 年干旱严重影响着山西省的农业生产,甚至威胁到居民的用水安全。自 2005 年以来,山西境内几乎每年都有不同程度的旱灾发生,甚至有时在防汛期抗旱仍然是重点工作,干旱监测对山西省具有非常重要的意义。

2.2　研究数据

2010 年山西省气候中心安装了 FY-3A/3B 极轨气象卫星、FY-2C/2G 静止气象卫星地面接收站,可同时接收 NOAA、EOS/MODIS 和 FY-3 系列极轨卫星数据。数据接收完成后,首先对数据进行大气订正、太阳高度角订正和云检测等预处理,并计算反照率(亮温)、太阳天顶角、太阳方位角、卫星天顶角、卫星方位角、海拔高度和地表特征,最后对数据进行筛选,得到山西范围内的 LD3 数据。

2.2.1　FY-3A/3B 卫星数据

到目前为止,FY-3 卫星共发射 4 颗卫星 FY-3A、FY-3B、FY-3C、FY-3D,形成极轨气象卫星上、下午星组网观测的业务布局,白天可接收到 MERSI 和 VIRR 数据,晚上只能接收到 VIRR 数据。FY-3 卫星上携带 11 个对地观测仪器,其中包括两个重要的成像仪器组:10 通道可见光红外扫描辐射计和 20 通道中分辨率成像光谱仪。可见光红外扫描辐射计(VIRR)的主要功能是:获取地表温度和洋面温度;获取水陆边界、泥沙、冰雪、植被、土壤水分、作物状态等信息;获取森林火灾、洪水、干旱和大范围病虫害等自然灾害监测信息,为环境治理、防灾减灾提供科学依据。

VIRR 光谱范围 0.43～12.5 μm,设置 10 个通道,包括 4 个可见光波段、1 个近红外波段、3 个红外大气窗区通道(2 个短波红外波段、1 个中红外波段)和 2 个热红外波段,星下点分辨率为 1km。通道 1(红光通道:0.58～0.68 μm)和通道 2(近红外通道:0.84～0.89 μm)对于叶绿色吸收有很大的反差,可监测植被生长状况和类型;通道 4(10.3～11.3 μm)和通道 5(11.5～12.5 μm)是热红外分裂窗通道,可利用分裂窗方法进行地表温度反演,为各种遥感模型和天气、气候模式提供可靠输入参数。

MERSI 主要用于对地球的海洋、陆地、大气进行全球动态监测,并加强对云特性、气溶胶、陆地表面特性、海表特性、低层水汽的监测。MERSI 在 0.41～21.6 μm 光谱范围内设置有 20 通道,包括 10 个可见光波段、7 个近红外波段、2 个短波红外波段和 1 个热红外波段,空间分辨率有 250 m 和 1 km 两种,与目前国际上得到广泛应用的 MODIS 传感器具有很多相似之处,尤其是 MERSI 包含了 5 个独具特色的 250 m 分辨率的通道(绿光、蓝光、红光、近红外和热红外通道),而 MODIS 仅有 2 个 250 m 分辨率的通道(红光、近红外),因此 MERSI 可以实现 MODIS 无法实现的功能,考虑到传统干旱监测中,主要基于植被指数和地表温度两个信息,因此理论上说,MERSI 可以提供 250 m 分辨率的干旱监测产品,这是气象卫星监测干旱领域中的一个重大进步(张鹏等,2009)。

2.2.2　FY-2G 卫星数据

FY-2G 卫星是 FY-2 03 批业务卫星工程的第二颗星,2014 年 12 月 31 日成功发射,自 2015 年 7 月 1 日开始定位于东经 105 度赤道上空,对亚太地区气象情况进行观测。FY-2G 卫星主要有效载荷为红外和可见光自旋扫描辐射器 VISSR,VISSR 传感器包括 1 个可见光通道和 4 个红外通道。本研究借鉴国内外已有的太阳辐射计算模型研究,基于 FY-2G 气象卫星数据,综合考虑天空因素(大气气溶胶、水汽含量、云量)和地形因素(DEM、积雪覆盖)对太阳辐射的影响,进行各种大气参数和地表参数订正,最终构建适合山西省的太阳辐射计算模型(武永利等,2009)。

模型中太阳辐射计算所用到的数据取自山西省气候中心实时接收的 FY-2G 气象卫星数据(空间分辨率 5 km)的可见光、红外一、红外二、红外三四个通道和 SRTM3(全球 90 m DEM 高程数据)。

2.2.3　实测数据

(1)自动气象站数据

山西省通过自动土壤水分站验收正常运行的站点有 89 个。提取 89 个自动土壤水分站逐小时的气温、地温、气压、风速等气象参数,用于蒸散发反演过程中的输入数据。

(2)人工测墒数据

山西省共有 109 个气象站,其中基准气象站 4 个,基本气象站 14 个,一般气象站 91 个;

109个站中有31个农气站。在2012年前4—10月(站点解冻后和封冻前)为逢"3"和"8"(每月3、8、13、18、23、28日)进行土壤湿度观测,2012年及以后为逢"8"(每月8、18、28日)进行土壤湿度观测。记录数据信息为:台站号、经纬度、作物名称、发育期信息,且注明当时观测点的情况,如白地、农田或水浇地等。土壤湿度观测数据共分0～10 cm、10～20 cm、20～30 cm、30～40 cm、40～50 cm 5个层次。土壤水分数据,取值范围在0～99%之间,测量土壤湿度占田间持水量的百分率,即土壤相对含水量。

2.3　数据处理

2.3.1　云判识

云像元判识应用较为广泛的方法是反射率阈值法,即云像元在可见光波段的反射率值相较于其他地物都较大,设定判定云像元的最低阈值可以方便快捷地提取云像元。该方法可以去除云的主要部分,但是被云像元影响而变亮的周围像元不能真实反映地表情况,也需要去除。灰度梯度去云法(傅晓珊,2008)可以去除云像元周围较亮的像元。其原理是图像像元值有变化时,也就是说像元值在平面空间是有梯度的,用数学表达式可以写为:

$$DI = \Delta Gx/\Delta x + \Delta Gy/\Delta y \tag{2.1}$$

式中,DI 为像元值在平面空间的梯度;ΔGx 和 ΔGy 分别是在行与列方向上相邻像元的像元值之差;Δx 和 Δy 分别是在行与列方向上的像元距离;$\Delta Gx/\Delta x$ 是像元值在行方向上的梯度;$\Delta Gy/\Delta y$ 是像元值在列方向上的梯度。

由(2.1)式可以看出,像元值变化越大,梯度就越大。因此,同一时间同类地物反射率相近,则梯度较小;不同类地物如云、陆地和水的反射率差异较大,则梯度较大。

式(2.1)中,通常选取相邻像元的距离作为一个单位,这样计算出来的梯度值就仅仅成了相邻像元值之差,即可以简化为:

$$DI = \Delta Gx + \Delta Gy \tag{2.2}$$

由于同类地物的梯度值相近,通过这种方法计算出来的图像梯度只能获取不同地物的边界线,而无法识别出像元类型。因此根据梯度的概念设计出一种新的行梯度算子,即利用像元值与像元所在整行的平均像元值之比来计算。这样更好地体现了整幅图的梯度变化特征,受云像元影响而变得较亮的像元梯度值与云像元梯度值接近,可以被识别出来,归为云像元。

2.3.2　大气校正

由于大气中气体分子的吸收和气溶胶粒子的散射作用,卫星遥感器所接收到的信息为大气-陆地混合信号,要获得地表的准确信息,有必要在遥感研究和应用中尽量削弱大气的影响,以还原目标物的真实信息,更加客观准确地反映研究区域地物特征。目前大气校正方法主要有:不变目标法(invariable-object methods)(Moran et al,1994)、直方图匹配法(histogram matching methods)(Richter,1996)、黑暗目标法(dark object methods)(Kaufman et al,1988)、对比度衰减法(contrast reduction methods)(Tanre et al,1991)以及基于辐射传输模型的lowtran、modtran、ATREM、6S模型(second simulation of the satellite signal in the solar spectrum)等方法(Gao et al,1990;Vermote et al,1997;Wu et al,1998;Berk et al,1998)。其

中 6S 模型建立在辐射传输理论基础之上,综合地形、气象、光谱等多种参数作用,而且适用于多种卫星传感器的不同波段范围,不受研究区特点及目标类型等的影响,在大气辐射及遥感等学科应用较广,而且在 MODIS 可见光到近红外波段的大气校正中得到较好应用(Vermote et al,2002;Wulaben et al,2004;Zhang et al,2004;Xu et al,2006)。

　　FY-3 卫星是我国第二代极轨气象卫星,其上搭载了中分辨率成像光谱仪(MERSI)和可见光红外扫描辐射计(VIRR)。MERSI 传感器可见光到近红外波段,250 m 分辨率的通道数相对美国 MODIS 的 2 个增加到 5 个,光谱范围为 0.46~12.5 μm。VIRR 传感器有 10 个1000 m 分辨率的光谱通道,光谱范围为 0.43~12.5 μm。实际应用中,将 MERSI 数据和VIRR 数据应用于农业干旱监测的定量反演,首先要对其进行大气校正分析。本研究采用应用较为广泛的 6S 辐射传输模型实现对 MERSI 数据和 VIRR 数据的大气校正,基于二者校正原理相同,下面以 MERSI 数据为例对校正方法进行介绍。

2.3.2.1　数据及预处理

　　大气校正所用遥感数据来自山西省气候中心实时接收处理后的 MERSI 250 m 分辨率的L1 级产品,数据包含了定标和定位信息。根据区域矢量图件(省界图和水体分布图)对 MER-SI 数据进行几何校正(Fan et al,2010),将经过几何校正的 L1 产品投影转换为等经纬投影0.0025°间隔的局地文件数据。

　　大气校正同时用到区域气象参数(大气能见度和地面水汽压)和 DEM 数据,分别来源于研究区域内气象台站和 1∶50000 地理信息数据集。

2.3.2.2　大气订正

　　6S 模式能够模拟无云条件下 0.25~4.0 μm 的卫星信号。MERSI 的可见光 1~4 通道的波长分布在此范围内,6S 模式可对其数据进行大气校正,6S 模式使用方法参见 Vermote 等(1997)发布的 6S 模型用户手册。采用 6S 模式对 MERSI 1~4 通道数据进行大气校正流程见图 2.1。

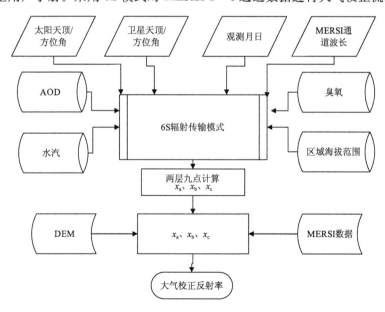

图 2.1　6S 模式大气校正流程图

2.3.2.3 参数选取及计算

应用 6S 模式进行大气校正需要输入卫星过境时刻的几何参数、大气参数、遥感器参数及地物参数等。

几何参数采用自定义参数，需要输入卫星过境时太阳天顶角、方位角；卫星观测天顶角、方位角以及月、日等数据，这些数据都可以从 MERSI-L1 级产品数据中获取。

表征区域水汽含量的大气可降水量依据与地面水汽压经验关系式来计算。利用地面水汽压计算大气可降水量有多种经验关系式（Yang et al,1996；Yang et al,2002；Zhang,2004），本研究按照 Yang(1996)的研究结果来计算：

$$w = a_0 + a_1 e \tag{2.3}$$

式中，w 为整层大气可降水量(cm)；e 为地面水汽压；a_0、a_1 为经验系数。具体数值按照文献研究的方法确定。

大气校正所需要的区域臭氧量参照 TOMS(Total Ozone Mapping Spectrometer)网站（孙志伟等,2013），根据区域经纬度及日期查得。

大气校正还需要气溶胶模式和气溶胶浓度等参数。本研究采用基于 4 种基本成分（尘土类、海洋性、水溶性、烟灰类）的气溶胶混合比模型，根据区域特征采用中纬度夏季城市型气溶胶模型；气溶胶浓度采用 6S 自带的通过气象能见度计算气溶胶光学厚度的方法。

分别选取研究区域内太原、尖草坪、小店、清徐、阳曲、榆次等 6 个气象站卫星过境时刻前后整点观测的气象能见度和地面水汽压观测数据，采用两个时间内插的方式插值到卫星过境时刻，进而采用空间插值方法插值到流程计算每一个点上。

卫星传感器光谱参数根据 MERSI 第 1~4 通道的波长范围输入，同时输入不同通道的光谱响应函数。

按照 6S 模型计算要求，分别输入模型代码或参数以及由卫星数据辐射定标得到的观测辐射亮度，6S 模式计算得到由观测辐射亮度到实际反射率的换算公式如下：

$$acr = \frac{y}{1 + x_c y}, y = x_a R + x_b \tag{2.4}$$

式中，R 为卫星观测辐射亮度(W/(m² · sr · μm))；x_a、x_b、x_c 为模型计算得到的校正系数，3 个系数分别表征大气透过率倒数、大气散射和大气反射率。由(2.4)式计算可得大气校正后的实际反射率。

按照 6S 模式对图像进行逐像素校正，运算量较大而且反映大气状况的参数（水汽、臭氧、AOD)也难以达到要求，为此本研究参照文献(Kerr et al,1992)的方法，分别对研究区域四周及中心等间隔选择两个海拔高度层次各 9 个点，各自计算得到任一点辐射校正模型系数，再按照(2.4)式，结合区域高程数据插值到各像素点：

$$x_h = \frac{x_{max} - x_{min}}{h_{max} - h_{min}} h + \frac{h_{max}}{h_{max} - h_{min}} x_{min} - \frac{h_{min}}{h_{max} - h_{min}} x_{max} \tag{2.5}$$

式中，x_h、x_{max}、x_{min} 分别代表在海拔高度 h、h_{max}、h_{min} 的相应大气校正系数。h_{max}、h_{min} 分别表征研究区域海拔最高和最低值，研究区域各点海拔高度均包含其中。

依据(2.5)式，根据海拔高度，通过插值和外推方法计算每个像素的大气校正系数用于由辐射到实际反射率的转换，得到每个像素的实际反射率，实现大气校正。

2.3.2.4　结果分析

以 2013 年 7 月 6 日、7 日的 FY-3A/MERSI 可见光到近红外 1～4 通道数据为例,选取晴空范围 37.47°～38.44°N,111.51°～113.15°E,对校正前后的图像及相关数据变化进行分析。

（1）光谱特征分析

图 2.2 是 2013 年 7 月 6 日 FY-3A/MERSI 1～4 通道数据大气校正前后反射率分布直方图,从图中可以看到:各波段数据范围加宽、反射率蓝光波段降低,其他 3 个波段大部分地区有所增大,蓝光波段波峰向低值方向移动,其他 3 个波段波峰向高值方向移动,直方图分布更为平滑,反映了地物的真实反射率。

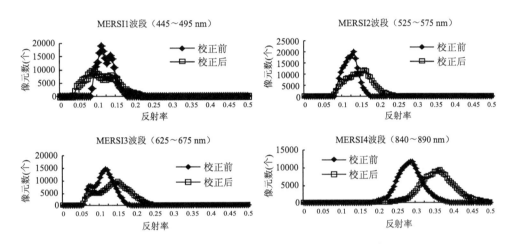

图 2.2　MERSI 1～4 通道大气校正前后反射率分布直方图

（2）归一化植被指数 NDVI 分析

植被指数是遥感的基本地表参数,是反映区域生态植被的一项重要指标(Song et al, 2008)。本研究采用归一化植被指数(NDVI)分析大气校正前后相邻两个时相 NDVI 的变化情况。根据 NDVI 的合成原理,选取 MERSI 第 3、4 波段(波长分别为 $0.625\sim0.675\ \mu m$(红)、$0.84\sim0.89\ \mu m$(近红外)),采用如下公式计算:

$$\mathrm{NDVI}=\frac{(b4-b3)}{(b4+b3)} \tag{2.6}$$

式中,$b3$、$b4$ 分别为 FY-3A/MERSI 的 3、4 通道地面反射率。

选取校正前后 MERSI 第 3、4 通道数据计算其 NDVI,提取区域内校正前后 NDVI 计算其直方图分布见图 2.3。相邻两天研究区域植被生长情况变化不大,NDVI 值也应该非常接近,因此校正后的 NDVI 直方图应该比校正前更相近,差异较小,对比两图印证了上述结论,相邻两日 NDVI 直方图分布的相关系数由校正前的 0.7577 增加到校正后的 0.9176。

（3）校正前后图像特征分析

图 2.4 为采用上述 6S 模式得到的 MERSI 大气校正前后的表观反射率和实际反射率三通道假彩色合成图。由于大气校正使空气中水汽、臭氧、气溶胶粒子等对各波段反射率的影响大大降低,真实反射率区间变宽,所以对可见到红外反射特性的不同甚至相同

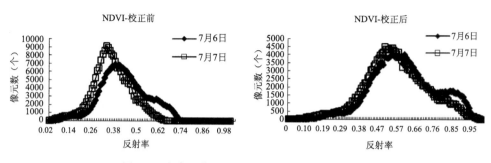

图 2.3　相邻日期 MERSI 校正前后 NDVI 直方图

地物展宽到更加宽的范围内,于是校正之后的图像相应比校正之前包含了更为丰富的地物信息。

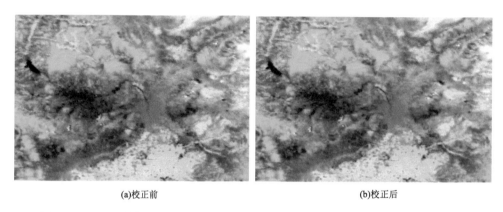

(a)校正前　　　　　　　　　　　　　　(b)校正后

图 2.4　MERSI 大气校正前后 3 通道假彩色合成图(R、G、B 分别选取第 3、4、2 波段)

(4)结论

由于大气对太阳辐射和地面反射辐射的散射和吸收作用,使得 MERSI 遥感数据失真,合成的遥感影像对比度、清晰度下降,有必要在应用 MERSI 数据进行定量遥感及生态遥感研究时进行大气校正。应用 6S 模型,结合地形、气象、光谱等多参数进行模拟计算、大气校正,适用于 MERSI 数据的校正应用。通过应用 6S 模型对 MERSI 可见光到近红外波段进行大气校正是可行的,校正后的反射率和归一化植被指数更加接近实际情况,三通道彩色合成图表现出更加丰富的地物信息,亮度增大,层次变强,对比度增强,反映的地物信息更加接近实际(注:相邻两日,区域内地表植被变化很小,近似为 0)。

2.3.3　地表参数计算

在完成大气校正和去云的基础上,本研究对地表参数进行了反演计算,如植被指数、叶面积指数、地表温度、比辐射率等。

2.3.3.1　植被指数计算

利用归一化植被指数 NDVI 分析大气校正结果部分已经介绍过,现在介绍利用红光波段和近红外波段计算归一化植被指数 NDVI。MERSI 数据可以提供 250 m 分辨率的植被指数数据,VIRR 数据可以提供 1000 m 分辨率的植被指数数据。利用 MERSI 数据和 VIRR 数据分别计算山西省的植被指数分布如图 2.5 所示,由于是两个完全不同的传感器,且分辨率存在较大差异,NDVI 值的大小会存在略微差异,但是整体分布是一致的。

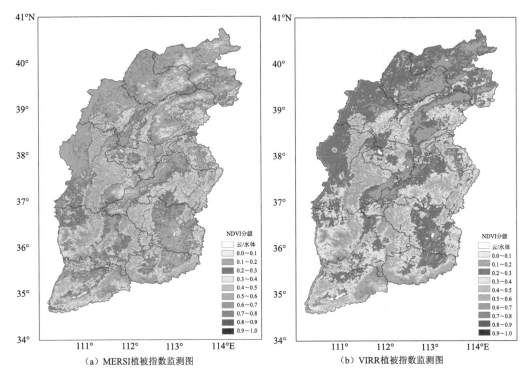

（a）MERSI植被指数监测图　　　　　（b）VIRR植被指数监测图

图 2.5 山西省 2013 年 5 月 12 日植被指数监测图

2.3.3.2 叶面积指数计算

叶面积指数(LAI)是指单位水平地面面积上单面叶面积的总和。叶面积指数与植被指数有很好的相关性(杜春雨等,2013),经典的 LAI 遥感定量方法以植被指数作为自变量,叶面积指数作为因变量,建立统计模型,在多光谱和高光谱领域均有用植被指数估算叶面积指数的研究和应用。本研究采用应用较为普遍的叶面积指数计算模型,如下式:

$$\text{LAI}=\begin{cases} 0 & \text{NDVI}<0.125 \\ 0.186e^{4.37\text{NDVI}} & 0.125\leqslant\text{NDVI}\leqslant0.825 \\ 6.606 & \text{NDVI}>0.825 \end{cases} \tag{2.7}$$

图 2.6 利用式(2.7)在图 2.5 的基础上计算了山西省 2013 年 5 月 12 日的叶面积指数。

2.3.3.3 地表温度反演

劈窗算法是目前地表温度反演应用较为成熟的算法。该算法以 VIRR 所观测到的热辐射数据为基础,根据 Planck 热辐射函数,将 VIRR 的两个热通道(即通道 4 和通道 5)数据转化为相应的亮度温度,以这两个亮度温度来演算地表温度,它来源于对地表热传导方程的求解。由于大气层的影响和地表结构的复杂性,该传导方程的不同求解方法能产生不同的劈窗算法(孙志伟等,2013)。

Kerr 算法(Kerr et al,1992)求解地表热传导方程操作简单,较易实现。算法原理:将大气及辐射面对热传导的影响视作常量,因而仅把所求算的地表温度的变化看成是与卫星观测到

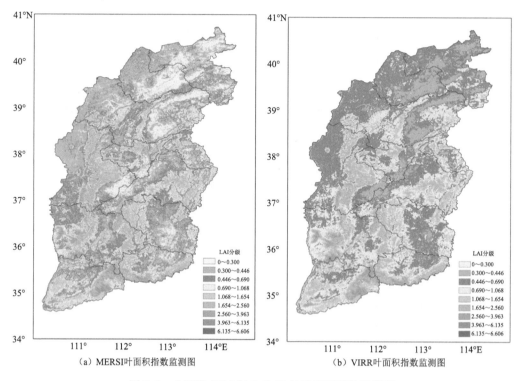

图 2.6 山西省 2013 年 5 月 12 日叶面积指数监测图

的亮度温度成正比例关系,而不受当地大气及地面条件实际变化的影响。通常,这些常量是直接根据当地大气条件的平均状态估算。因而,该算法结果的好坏直接取决于所研究地区大气的稳定性和地表条件的均质性程度。推算公式如下:

$$T_s = P_v T_v + (1 - P_v) T_{bs} \tag{2.8}$$

式中,T_s 是地表温度;T_v 是植被表面温度;T_{bs} 是裸土表面温度;P_v 是像元内植被覆盖率。

式(2.8)中植被和裸土表面温度分别用下式求算:

$$T_v = T_4 + 2.6(T_4 - T_5) - 2.4 \tag{2.9}$$

$$T_{bs} = T_4 + 2.1(T_4 - T_5) - 3.1 \tag{2.10}$$

式(2.9)和(2.10)中,T_4 和 T_5 分别是 VIRR 热通道 4 和通道 5 的亮度温度;常量参数是根据法国南部的一个经验数据集推导而得。由于 Kerr 没有给出其他条件和区域的参数,因此,上述参数值经常被直接引用。

式(2.8)中植被覆盖率用下式求算:

$$P_v = (\text{NDVI} - \text{NDVI}_{bs}) / (\text{NDVI}_v - \text{NDVI}_{bs}) \tag{2.11}$$

式中,NDVI 是归一化植被指数;NDVI_v 和 NDVI_{bs} 分别是植被和裸土的 NDVI,分别取值为 0.70 和 0.05。

考虑到卫星和太阳的天顶角、方位角会影响卫星数据的探测结果,且式(2.9)和(2.10)的常量参数是根据法国南部的一个经验数据集推导而得,将其直接用于反演山西地表温度时可能会产生一定的误差,因此,利用 Cressman 客观分析方法(张红杰等,2009)将卫星数据反演的地表温度与气象站监测的地表温度数据相融合,实现对反演结果的订正,从而提高准确率。

　　Cressman 客观分析法采用的是逐步订正方法,最主要的根据是 Cressman 客观分析函数。先给定第一猜测场,这里以卫星反演的地表温度为第一猜测场,然后用实际观测场逐步修正第一猜测场,直到订正后的场逼近观测记录为止。

$$\alpha' = \alpha_0 + \Delta\alpha_{ij} \tag{2.12}$$

$$\Delta\alpha_{ij} = \frac{\sum\limits_{n=1}^{n} W_{ijn}^2 \Delta\alpha_n}{\sum\limits_{n-1}^{n} W_{ijn}} \tag{2.13}$$

式(2.12)中,α 代表气象要素地表温度;α_0 是变量 α 在格点 (i,j) 上的第一猜测值,即卫星遥感反演的地表温度;α' 是变量 α 在格点 (i,j) 上的订正值;$\Delta\alpha_{ij}$ 是观测点 n 上的观测值与第一猜测值之差;W_{ijn} 是权重因子,在 $0.0 \sim 1.0$ 之间变化;N 是影响半径 R 的台站数。Cressman 客观分析方法最重的是权重函数 W_{ijn} 的确定,它的一般形式为:

$$W_{ijn} = \begin{cases} \dfrac{R^2 - d_{ijn}^2}{R^2 + d_{ijn}^2} & (d_{ijn} < R) \\ 0 & (d_{ijn} \geqslant R) \end{cases} \tag{2.14}$$

式中,影响半径 R 的选取有一定的人为因素,选取原则是由近及远进行扫描。d_{ijn} 是格点 (i,j) 到观测点 n 的距离。

　　图 2.7 利用上述方法对山西省 2013 年 5 月 12 日 10:53 的 VIRR 数据进行了地表温度反演。MERSI 250 m 分辨率数据仅有一个热红外通道,不能利用劈窗算法实现地表温度的反演。

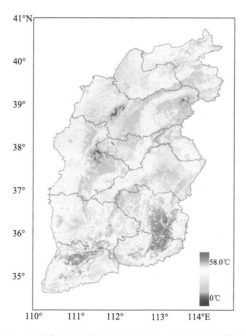

图 2.7　山西省 2013 年 5 月 12 日 10:53 地表温度监测图

2.3.3.4　比辐射率计算

　　比辐射率是指物体表面单位面积上辐射出的辐通量与同温度下黑体辐射出的辐通量的比

值。它是反映物体热辐射性质的一个重要参数,与物质的结构、成分、表面特性、温度以及电磁波发射方向、波长(频率)等因素有关。本研究采用 Sobrino(2001)提出的 NDVI 阈值法计算地表比辐射率,计算公式如下:

$$\varepsilon = 0.004 P_v + 0.986 \tag{2.15}$$

式中,P_v 是植被覆盖率,用以下公式计算:

$$P_v = [(\text{NDVI} - \text{NDVI}_{bs})/(\text{NDVI}_v - \text{NDVI}_{bs})] \tag{2.16}$$

式中,NDVI 为归一化植被指数;NDVI_{bs} 为完全是裸土或无植被覆盖区域的 NDVI 值;NDVI_v 则代表完全被植被所覆盖的像元的 NDVI 值,即纯植被像元的 NDVI 值。取经验值 $\text{NDVI}_v = 0.70$ 和 $\text{NDVI}_{bs} = 0.05$,即当某个像元的 NDVI 大于 0.70 时,P_v 取值为 1;当 NDVI 小于 0.05,P_v 取值为 0。

图 2.8 基于上述方法分别利用 MERSI 数据和 VIRR 数据计算了山西省 2013 年 5 月 12 日的地表比辐射率,计算结果基本一致。

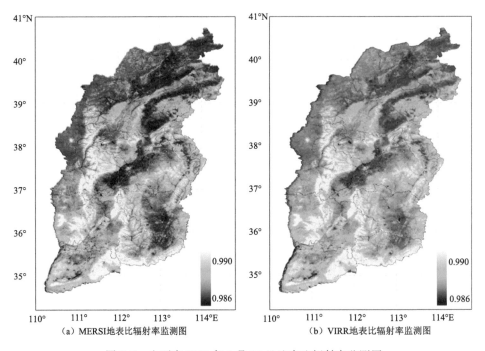

（a）MERSI地表比辐射率监测图　　　　（b）VIRR地表比辐射率监测图

图 2.8　山西省 2013 年 5 月 12 日地表比辐射率监测图

第 3 章　基于统计模型的干旱监测

3.1　研究进展

随着全球气候变暖、环境的恶化和水资源的短缺,与人类生存密切相关的干旱问题显得日益突出,引起国际社会的关注和重视(秦大河等,2002)。中国是一个旱涝灾害频发的国家,每年因旱灾造成粮食损失高达 100 亿 kg(耿鸿江,1993)。长期以来,国内外一直关注旱涝灾害问题的研究,并取得了较多研究成果,这些研究成果对农业防灾减灾工作具有重要参考价值。目前,研究成果多是基于气候指标方法制定多种旱涝评估指标,McKee 等(1993)发展的标准降水指数(SPI)是单纯依赖于降水量的干旱指数,它是基于在一定的时空尺度上,降水的短缺会影响到地表水库存水、土壤湿度、积雪和流量变化而制定;朱炳媛等(1998)用干燥度确定旱涝的等级,是一种气候意义上的划分,其定义为多年平均水面蒸发量与多年平均降水量之比;张存杰等(1998)用指数描述旱涝,对降水量进行了必要的转化,然后用于划分旱涝等级;郭江勇(1999)用近期降水、底墒和气温综合考虑干旱的程度。但是,这些传统的研究农业旱灾的方法仅是最终将旱涝灾情定性的分成轻、中、重三类,并未揭示土壤旱涝与气象指标之间的直接相互关系(马柱国等,2000)。而农业干旱最直接直观的指标为土壤相对湿度,土壤水分是土地持续利用、水资源规划与管理及节水农业技术研究的基础。有研究表明,土壤质地直接影响土壤通透性和水分含量。本研究深入分析山西不同质地土壤水分状况及变化规律,以期为开发利用土壤资源、建立节水型农业提供依据。

土壤水分状况是科学地控制调节土壤水分状况进行节水灌溉、实现科学用水和灌溉自动化的基础。快速、准确地测定土壤水分对制定灌溉、施肥决策或排水措施等具有重要意义(姜丽霞等,2009)。土壤表层与深层水分间存在一定的关系,通过表层水分的测定可以模拟预测深层水分,如鹿洁忠(1987)用河北曲周县裸露试验地的 0~150 cm 的实测土壤水分资料进行了各层土壤水分的推算,康绍忠(1990)曾对旱地土壤水分动态进行过初步的模拟研究,肖乾广等(1994)采用不同时期的资料来反演不同深度的土壤湿度,李红等(2002)对京郊平原区粮田深层土壤水分进行了预测。Biswas 等(1979)提出了根据表层土壤水分确定深层土壤水分的关系式。目前土壤湿度模型方面取得一些研究成果,但人工测量土壤湿度仍在 50 cm 内,于是用表层估测深层方法更具有实际业务运行意义。

本研究根据山西省气象观测站自动土壤水分站数据,选取 89 个通过验收站点的资料,分析了不同土壤与降水变化关系,以及土壤表层水分的变化及表层与深层水分之间的关系,并确定了 Biswas 等提出的土壤水分估算模式在两种情况下的参数值,探索了由表层水分预测深层水分的经验关系。在此基础上为合理采取灌溉水和蓄水保墒等调节农田土壤水分的技术措施提供了科学依据,同时提高了土壤水分监测的效率。

3.2 模型原理

3.2.1 资料来源

山西 109 个气象观测站,其中 31 个为农业气象观测站,至 2013 年通过自动土壤水分站验收正常运行的站点有 89 个。为便于与自动观测数据进行对比,本研究选取 89 个气象观测站的土壤水分人工观测数据。气象观测规范规定,在非冻结期,土壤水分每月逢 8、18、28 日各观测一次,取样深度为 0~10 cm、10~20 cm、20~30 cm、30~40 cm 和 40~50 cm 5 个层次。土壤水分年际间因气候条件等因素差异而变化较大,本研究选取 2010—2013 年逐年逐次数据分别对不同质地的土壤水分整理计算,运用 2010—2013 年数据建模,2014 年数据模拟对比。

气温、降水等气候资料与土壤水分资料时间一致,以 8、18、28 日为间隔计算。

3.2.2 研究方法

(1)土壤含水量测算

土壤含水量大小一般用土壤质量含水率来表示,采用烘干法测定。土壤相对湿度换算成容积含水率,公式为:

$$Q = W \times \rho \tag{3.1}$$

式中,Q 为容积含水率;W 为重量含水率;ρ 为土壤容重。

$$W = R \times f_c \tag{3.2}$$

式中,R 为土壤相对湿度;f_c 为田间持水量。

故由上式得:

$$Q = R \times f_c \times \rho$$

(2)浅层估算深层土壤水分模型

Biswas 等(1979)和鹿洁忠(1987)提出土壤水分随深度是非线性变化趋势,并提出根据表层土壤水分确定深层土壤水分的模式:

$$S = A \times (d - d_0) + S_0 \times [1 + B \times (d - d_0)^2] + S_c \tag{3.3}$$

式中,S 为土层 d 处的水分储量;S_0 为土壤表层深度 d_0 处的水分储量;A、B 和 S_c 为常数。

将式(3.3)变换:

$$S - S_0 = S_c + A \times (d - d_0) + S_0 \times B \times (d - d_0)^2 \tag{3.4}$$

令 $Y = S - S_0$,$X_1 = d - d_0$,$X_2 = S_0(d - d_0)^2$,则式(3.4)化为:

$$Y = A \times X_1 + B \times X_2 + S_c \tag{3.5}$$

用多元线性回归方法可确定式(3.5)中的 A、B、S_c 值,从而可由表层土壤水分储量和土层深度 d 推算出任意土层水分储量。

3.3　结果分析

3.3.1　土壤墒情变化规律

不同质地和深度的土壤墒情变化趋势如图 3.1 所示,变化规律大致分为 4 个阶段,初春短暂增墒期、春季失墒期、雨季增墒期和秋季失墒期。

初春短暂增墒主要由于初春土壤逐渐解冻进入土壤反浆期,土壤水分由深层逐渐向上传送,从而使得土壤水分在短时期内增加;春季失墒期主要是由于这一时期气温逐渐回升,蒸发量逐渐增大,作物开始旺盛生长,需水量增加,而山西地区这一时期降雨量相对较少,土壤水分迅速减少,同时地下水位下降,因此土壤水分呈下降趋势;在雨季增墒期,降水开始逐渐增多,土壤水分收入大于支出,各层土壤水分也随之增加,但这个时期气温较高,蒸发量大,作物生长需水也多,若遇气候异常,降雨较少,则土壤含水量大幅度下降,而遇强降水后又迅速上升,因此在土壤水分时间变化曲线上上下振动频繁,振幅也较大;秋季失墒阶段主要是由于秋季降水逐渐减少,同时土壤水分缓慢蒸发。

不同质地、不同深度土壤水分变化趋势略有不同,初春短暂增墒期表层土壤水分开始下降,直到 6 月中旬降至最低点,属春季失墒期。6 月进入汛期,降水开始增多,土壤水分收入大于支出,但这个时期气温较高,蒸发量大,作物需水多,导致这个时期的墒情曲线振动频繁,波动较大,属雨季增墒期;进入 9 月,降水逐渐减少,土壤水分缓慢蒸发,属秋季失墒期。

壤土 0~10 cm 土壤水分在 2 月下旬至 3 月中旬为短暂上升期,3 月下旬至 5 月上旬呈显著下降,之后逐渐上升至 9 月初达到最高;10~20 cm 和 20~30 cm 土壤水分变化趋势幅度小于 0~10 cm,春季变化缓慢;30~40 cm 土壤水分春季变化趋势最为平缓。砂土以浅层变化趋势较大,深层变化较为平稳。黏土各层土壤水分变化趋势与壤土较为相似,且浅层变化振幅强于壤土。不同深度土壤水分以 10 cm 变化趋势最为明显,振幅最大,水分变化趋势明显。2 月下旬土壤开始解冻消融进入土壤反浆期,土壤水分从深层逐渐向上传递,从而使水分有一明显的上升过程。春季气温开始逐渐回升,蒸发量逐渐增大,作物开始旺盛生长,需水量增加,而春季降水量相对较少,土壤水分将呈下降趋势;进入汛期,降水量逐渐增多,土壤水分收入大于支出,土壤水分将随之增加。

如图 3.1 所示,土壤水分随降水增多而逐渐上升,尤其雨季,各层土壤水分随着降水的变化而迅速变化,且变幅较大。

3.3.2　浅层土壤估测深层土壤水分模型

为了准确把握深层土壤水分的变化规律及解决探测深层土壤水分的困难,本研究基于 Biswas 等提出的土壤水分估算模式,结合山西省 89 个站点的土壤水分观测数据,来推算不同由浅层土壤水分估算深层土壤水分的估算模式。

3.3.2.1　d_0 取 10 cm 时土壤水分估算模型

根据 Biswas 土壤水分估算模式,推求模型参数,当 $d_0=10$ 时,取 20、30、40、50 cm 时的土壤水分差值,用多元线性回归方法拟合,确定出各月逢 8 时段的土壤水分估算模型的参数 A、B 和 S_c,得到土壤水分差值随土壤深度差值变化的经验关系,结果见表 3.1~表 3.3。

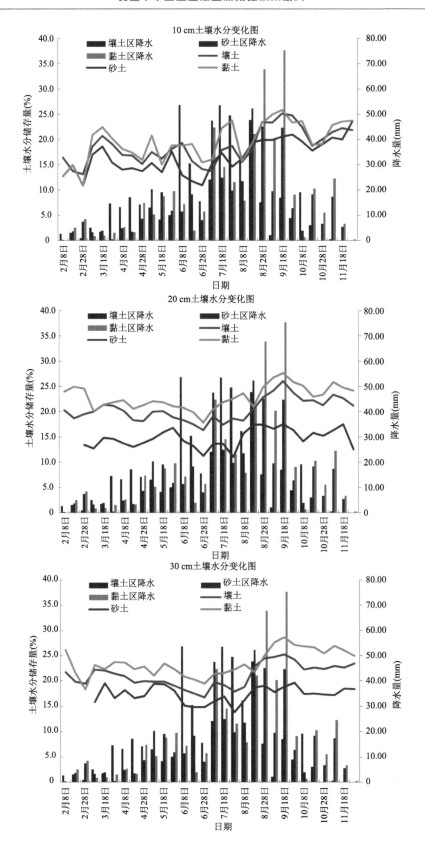

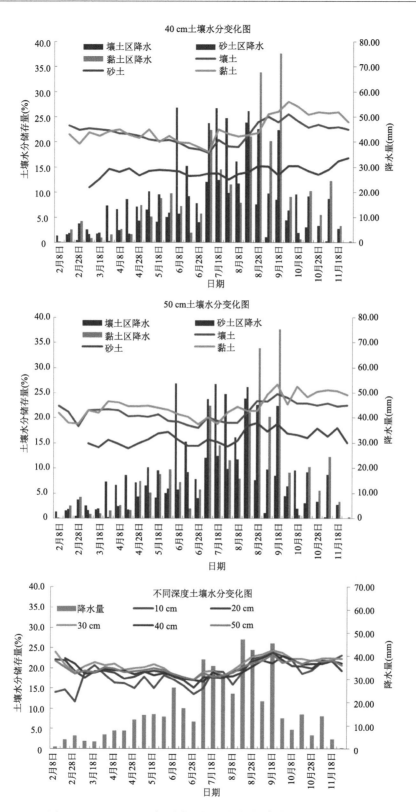

图 3.1　2010—2013 年累计平均土壤水分、降水随时间变化图

通过对比分析，土壤墒情变化及各时段水分估算模型，运用数据挖掘技术，找出其中具有共同规律的模型进行浅层土壤水分模型的估算。

选取逢 8 时段的估算模型，通过比较不同土壤质地的预测精度，见表 3.1～表 3.3，壤土模型预测结果最好，黏土次之，砂土较差；壤土模型预测准确率达 85%，黏土达 80%，砂土可达 70% 以上。壤土，从 20～30 cm 的相对误差值来看，6 月各天的误差最小，模型预测效果最好，相对误差在 1% 以内；从 40～50 cm 来看，5 月误差值最小，模型预测效果最好，相对误差控制在 2% 以内。黏土各层土壤模型以 8～9 月预测效果最好。砂土，6 月 20～30 cm 预测模型效果较好，达 95% 以上，其余各层预测准确率均在 70% 以上，预测效果较其他土质差，可能与样本数少，砂土变化较快等因素有关。整体分析模型预测结果，冬季封冻前及春季解冻后，模型预测误差明显较大，不同土壤质地夏季各月预测效果较好，尤其壤土，模型预测误差均在 5% 以内，可能与壤土质地及选取数据样本多等有关。

通过分析各变化可看出，不同质地土壤，会随着深度增加，预测精度有下降趋势，壤土、黏土精度下降较慢，相对误差仍在 15% 以下，预测精度可达 85% 以上；砂土精度下降较快，差距较大，预测精度在 70% 以上。

3.3.2.2　d_0 取任意值时土壤水分估算模型

根据 Biswas 土壤水分估算模式，推求模型参数，当 d_0 为任意值时，取各层土壤水分差值，用多元线性回归方法拟合，确定出各月逢 8 时段的土壤水分估算模型的参数 A、B 和 S_c，得到土壤水分差值随土壤深度差值变化的经验关系，结果如表 3.4～表 3.6 所示。

通过对比 d_0 取 10 cm 和任意值，如表 3.1～表 3.3 和表 3.4～表 3.6，可看出：壤土，4—5 月预测模型 d_0 取 10 cm 预测结果优于取任意值，7—8 月的预测模型取任意值优于取 10 cm；黏土，8—10 月预测模型 d_0 取 10 cm 预测结果优于取任意值，6—7 月的预测模型取任意值优于取 10 cm；砂土，预测模型，6 月 20 cm 的预测模型 d_0 取 10 cm 值时优于取任意值，其他时段土壤模型均以取任意值模型模拟效果较好。

3.3.3　模型检验

3.3.3.1　d_0 取 10 cm 时土壤水分估算模型检验

根据图 3.2～图 3.4 的预测结果与实际值对比，可知，各土层实际值与预测值变化趋势较为一致，用浅层土壤预测深层，壤土的拟合效果最好，黏土次之，砂土整体预测结果偏大。预测值可较好地反映各层水分变化趋势，整体预测模型具有较高预测精度，通过 89 个站点的浅层土壤墒情的实测结果可预测得到全省深层次土壤墒情结果。

从图 3.2 可看出，黏土，d_0 取 10 cm 时，2014 年 20 cm 深度土壤含水量的拟合效果来看，4 月 28 日—6 月 28 日，8 月 28 日—10 月 8 日，拟合效果较好；30 cm 深度土壤含水量拟合 8 月 18 日—9 月 28 日效果最好；40～50 cm 深度含水量实际值和预测值拟合效果，均以 8 月 18 日、8 月 28 日效果最好。

将 d_0 取 10 cm 时，计算的预测模型代入 2014 年壤土的土壤水分数据中，对预测值和实际值进行拟合，结果显示如图 3.3，5 月 28 日—6 月 28 日，预测值和实际值的误差较小，尤其以 20 cm、30 cm 模拟效果最好。图 3.4 显示砂土的预测模型模拟效果较其他土质误差大，仅 20 cm 和 30 cm 在 6 月 28 日模拟效果好。

表 3.1　壤土表层水分估算深层土壤水分模型及结果（相对误差%）

日期		3.8	4.8	5.8	6.8	6.28	7.8	8.18	9.28	10.18	11.18	12.8
	A	2.31445	2.078186	1.987932	1.798656	1.623017	1.870154	2.39724	2.501964	2.249622	2.314101	2.753087
	B	−0.0001	7.37×10^{-5}	3.79×10^{-5}	0.000124	0.000222	5.75×10^{-5}	−0.000247	-2.3×10^{-5}	3.29×10^{-5}	-4.3×10^{-5}	-7.2×10^{-5}
	S_c	1.03242	−0.75449	0.006465	−0.07675	−0.36988	0.50103	−2.962684	−1.37844	−0.3101	−0.41198	−4.08745
	R	0.99997**	0.99999**	0.99999**	0.99993*	0.9999*	0.99976*	0.99999**	0.99997**	0.9999*	0.99999**	0.999875*
表层估算深层法	Δ10 cm	10.6	7.2	4.4	0.5	0.06	3.9	2.5	2.4	3.7	1.0	10.8
	Δ20 cm	13.1	7.6	1.9	2.5	0.9	2.9	1.8	3.3	5.9	3.1	5.1
	Δ30 cm	13.9	7.8	0.4	4.2	1.3	2.6	1.9	3.6	6.4	3.5	5.1
	Δ40 cm	14.5	7.8	0.4	4.7	1.9	2.8	2.4	4.0	6.1	3.2	3.6

注：** 为 $P<0.05$；* 为 $P<0.01$，下表同。

表 3.2　黏土表层水分估算深层土壤水分模型及结果（相对误差%）

日期		3.8	4.8	5.8	6.8	7.8	8.28	9.8	10.8	11.8	12.8
	A	2.314453	2.078186	1.987932	1.798656	1.870154	2.52906	2.625988	2.245578	2.306821	2.753087
	B	-9.2×10^{-5}	6.88×10^{-5}	3.19×10^{-5}	0.000124	4.94×10^{-5}	−0.00012	−0.00016	6.28×10^{-5}	-2×10^{-5}	-6.5×10^{-5}
	S_c	1.03242	−0.75449	0.006465	−0.07675	0.50103	−2.19424	−1.84088	−0.593	0.323455	−4.08745
	R	0.99994**	0.99997**	0.99997**	0.99998*	0.99995*	0.99997**	0.9999**	0.9998*	0.99999**	0.99975*
表层估算深层法	Δ10 cm	13.8	4.4	0.8	3.1	5.4	0.3	1.5	2.1	6.5	9.2
	Δ20 cm	14.3	6.9	1.6	5.4	7.7	0.6	0.08	0.3	6.4	7.5
	Δ30 cm	14.5	8.7	3.8	7.8	9.4	0.2	0.1	0.05	7.1	5.7
	Δ40 cm	14.8	9.6	4.9	7.9	9.8	1.0	0.2	1.1	6.4	5.1

表 3.3　砂土表层水分估算深层土壤水分模型及结果（相对误差 %）

	日期	3.8	4.28	5.8	6.28	7.28	8.8	9.8	10.8	11.8
表层估算深层法	A	2.314453	2.078186	1.987932	1.623017	1.741831	1.866403	2.634487	2.245578	2.306821
	B	-0.00011	$8.86×10^{-5}$	$4.31×10^{-5}$	0.000286	0.000178	$2.81×10^{-5}$	-0.00018	$7.59×10^{-5}$	$-2.1×10^{-5}$
	S_c	-3.07347	-0.75449	0.006465	-0.36988	0.82097	-0.47524	-1.95722	-0.593	0.323455
	R	0.99997**	0.99999**	0.99998**	0.99991	0.9995	0.9999*	0.99993**	0.9998	0.9999*
	Δ10 cm	10.4	7.3	15.3	1.	7.4	7.5	12.1	13.5	15.0
	Δ20 cm	20.2	14.0	18.8	6.9	12.3	10.1	19.3	20.5	21.8
	Δ30 cm	28.7	16.7	21.2	12.8	18.1	13.7	23.5	24.6	25.9
	Δ40 cm	29.8	17.9	22.4	21.0	22.7	15.9	25.9	25.9	27.7

表 3.4　壤土表层水分估算深层土壤水分模型及结果（相对误差 %）

	日期	3.8	4.8	5.8	6.8	7.8	8.18	9.8	10.8	11.18
表层估算深层法	A	2.328489	2.156586	2.025532	1.918207	1.843877	2.277011049	2.549231	2.354862	2.296515
	B	-0.00018	$-5.6×10^{-5}$	$-1.4×10^{-5}$	$-3.2×10^{-5}$	0.000107	-0.000141567	$-9.9×10^{-5}$	$-6×10^{-5}$	$-2.8×10^{-5}$
	S_c	-1.39524	-0.39955	-0.10052	-0.25554	0.620452	-1.076194661	-0.96933	-0.56301	-0.2607
	R	0.999**	0.9995**	0.9999**	0.9992*	0.9994**	0.9994**	0.9997**	0.9993**	0.9999**
	Δ10 cm	10.3	0.1	4.6	5.1	1.5	5.6	4.4	6.9	4.6
	Δ20 cm	13.4	1.5	2.7	2.8	0.5	7.5	5.1	7.3	4.5
	Δ30 cm	15.0	2.9	0.9	0.7	1.4	9.1	4.7	6.8	4.3
	Δ40 cm	16.3	4.2	0.5	0.7	1.9	10.5	4.3	5.9	3.8

表 3.5 黏土表层水分估算深层土壤水分模型及结果（相对误差%）

日期		3.8	4.8	5.8	6.8	7.28	8.28	9.8	10.8	11.8
表层估算深层法	A	2.329574	2.328893	2.15509	2.022995	2.19345	2.351061	2.706701	2.754914	2.661622
	B	-0.00016	-4.6×10^{-5}	4.07×10^{-5}	3.36×10^{-5}	-5.3×10^{-6}	-2.5×10^{-5}	-7.3×10^{-5}	-0.0001	-5.1×10^{-5}
	S_c	-1.37684	-0.35245	0.354249	0.265335	-0.05242	-0.24083	-0.76773	-1.01574	-0.48956
	R	0.9991^{**}	0.9998^{**}	0.9997^{**}	0.9998^{*}	0.9994^{**}	0.996^{**}	0.9987^{**}	0.9996^{**}	0.9998^{**}
	$\Delta10$ cm	10.6	2.6	6.5	3.8	1.4	1.1	2.7	8.5	13.4
	$\Delta20$ cm	13.4	0.4	4.9	2.1	1.7	0.6	4.6	13.3	16.4
	$\Delta30$ cm	15.7	1.6	0.4	0.4	1.4	2.1	5.3	14.3	18.5
	$\Delta40$ cm	17.0	3.2	3.0	0.8	2.2	2.9	6.4	15.1	18.5

表 3.6 砂土表层水分估算深层土壤水分模型及结果（相对误差%）

日期		3.8	4.8	5.8	6.8	7.8	8.8	9.8	10.8	11.8
表层估算深层法	A	1.319073	1.700174	1.764163	1.448458	1.496945	1.468871	1.61827	1.67570617	1.56375316
	B	5.29×10^{-5}	-0.00025	-0.00021	4.08×10^{-5}	-2.8×10^{-5}	6.58×10^{-5}	4.88×10^{-5}	-9.218×10^{-5}	4.5537×10^{-5}
	S_c	0.369885	-1.47245	-1.35113	0.222997	-0.17815	0.44803	0.407454	-0.758177	0.39015753
	R	0.9944^{**}	0.9958^{**}	0.9945^{**}	0.9994^{**}	0.9984^{**}	0.9983^{**}	0.9988^{**}	0.998^{**}	0.9985^{**}
	$\Delta10$ cm	2.2	3.2	1.5	2.1	1.6	2.5	0.02	4.7	4.3
	$\Delta20$ cm	2.2	1.6	2.8	2.3	5.1	4.7	2.4	9.7	8.9
	$\Delta30$ cm	10.3	3.2	3.0	3.2	7.5	3.5	5.4	13.5	12.4
	$\Delta40$ cm	14.4	5.6	2.1	3.1	9.3	2.5	7.6	13.2	13.8

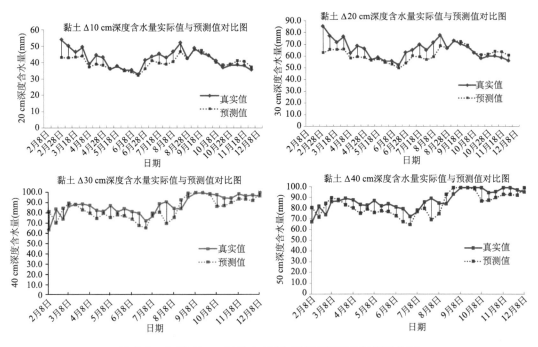

图 3.2　d_0 取 10 cm 时黏土 2014 年预测值与实际值对比图

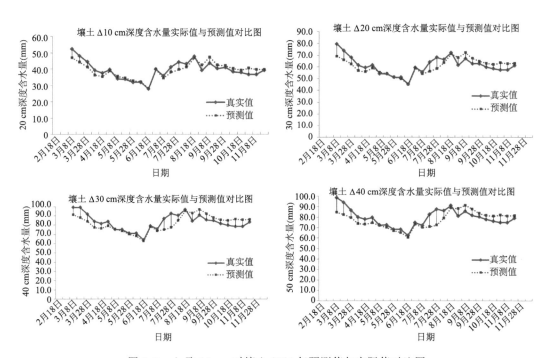

图 3.3　d_0 取 10 cm 时壤土 2014 年预测值与实际值对比图

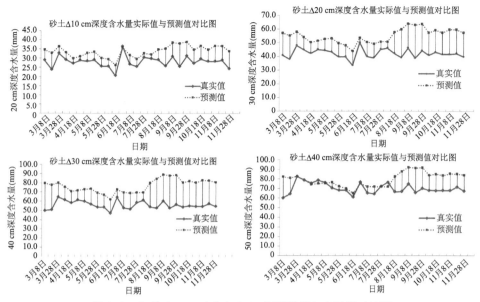

图 3.4　d_0 取 10 cm 时砂土 2014 年预测值与实际值对比图

3.3.3.2　d_0 取任意值时土壤水分估算模型检验

本文计算 d_0 取任意值时土壤水分估算模型,通过对比选出,针对每个时段,模拟效果最优的模型。

从图 3.5 可看出,黏土,d_0 取任意值时,整体趋势拟合效果较好,偏离值小,但预测值与实际值,20 cm 深度土壤含水量 8 月 28 日—10 月 8 日,拟合效果较好;30 cm 深度土壤含水量拟合 6 月 18 日、9 月 8 日效果最好;40～50 cm 深度含水量实际值和预测值拟合效果,5 月 8 日—6 月 28 日拟合度较高,趋势拟合效果好。

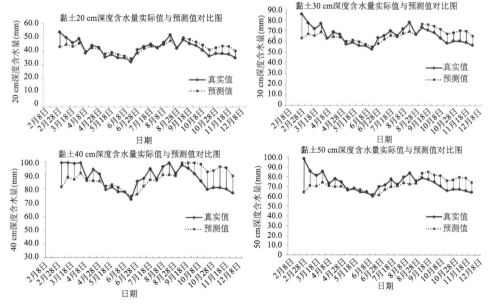

图 3.5　d_0 取任意值时黏土 2014 年预测值与实际值对比图

将 d_0 取任意值时,计算的预测模型代入 2014 年壤土的土壤水分数据中,对预测值和实际值进行拟合,结果显示如图 3.6,3 月 28 日—4 月 28 日,预测值和实际值的趋势拟合度较好,尤其以 20 cm、30 cm 模拟效果最好;40～50 cm,在 5 月 8 日—6 月 18 日,趋势拟合度最高。

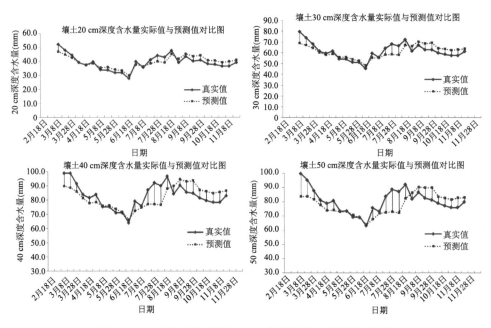

图 3.6　d_0 取任意值时壤土 2014 年预测值与实际值对比图

图 3.7 显示砂土在 d_0 取任意值时,预测模型模拟效果要明显好于 d_0 取 10 cm 时,但仅 20 cm 深度含水量实际值与预测值的趋势偏离较小,趋势较为一致,其他深度实际值与预测值的趋势模拟效果,较其他土壤质地差,但整体预测误差要小于取 10 cm 值。

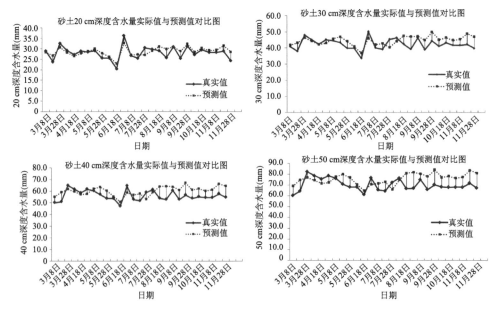

图 3.7　d_0 取任意值时砂土 2014 年预测值与实际值对比图

3.4　研究结论

通过研究土壤墒情变化规律和该时段降水可知,不同质地和深度的土壤墒情变化规律大致分为 4 个阶段:初春短暂增墒期、春季失墒期、雨季增墒期和秋季失墒期。土壤水分随降水增多而逐渐上升,尤其雨季,各层土壤水分随着降水的变化而迅速变化,且变幅较大。

计算模型 d_0 分别取 10 cm 和任意值,对比模型模拟效果,不同时段选取最优模型进行模拟,效果较好。从表 3.1～表 3.6 各预测模型可看出,不同质地预测精度不同,壤土模型预测精度最高,黏土次之,砂土较差,壤土模型预测准确率达 85%,黏土达 80%;砂土可达 70% 以上。从图 3.2～图 3.7 可看出,壤土、黏土拟合效果,取 10 cm 和取任意值,拟合效果不一;砂土以取任意值时拟合效果最好。壤土,4—5 月预测模型 d_0 取 10 cm 预测结果优于取任意值,7—8 月的预测模型取任意值优于取 10 cm;黏土,8—10 月预测模型 d_0 取 10 cm 预测结果优于取任意值,6—7 月的预测模型取任意值优于取 10 cm;砂土,预测模型,6 月 20 cm 的预测模型 d_0 取 10 cm 值时优于取任意值,其他时段土壤模型均以取任意值模型模拟效果较好。

第4章　基于遥感模型的干旱监测

4.1　研究进展

　　遥感的多光谱信息为陆表过程研究提供了各种空间尺度和时间尺度的植被指数(可见光、近红外)和地表温度(热红外)。地表温度和植被指数在区域干旱遥感监测中与植被生理、生长联系密切,地表温度综合反映表层土壤含水量的变化,进而揭示植物覆盖量的潜力,其敏感的热反应能力更有助于及时发现干旱发生时地表温度的异常升高。植被指数与绿色植物的密度和活力关系密切,有利于植物数量和覆盖度的反映(赵广敏等,2010)。Carlson 等(1994)和Goetz(1997)等研究发现,单独运用地表温度或植被指数做参数进行监测会受到不完全植被覆盖条件下土壤背景或植被对于暂时的水分胁迫不能敏感反映的影响,而不能有效监测土壤湿度。Lambin 等(1996)系统地分析了两者间的关系,发现陆地地表温度与植被指数呈显著的负相关性,所以有必要将地表温度和植被指数结合起来监测干旱,建立二者特征空间。这样既可消除土壤背景的影响,又可使两者信息互补,消除植被指数只有在水分胁迫严重受阻不利于作物生长时才会变化的滞后性缺点。基于地表温度和植被指数特征空间的植被干旱指数法和植被供水指数法(VSWI)在我国应用较多。

　　在植被供水指数法方面,杨丽萍等应用植被供水指数法对内蒙古地区进行了干旱监测研究,研究表明,植被供水指数法适用于内蒙古地区高植被覆盖的生长季大范围的干旱监测(杨丽萍等,2007)。刘丽等(1998)利用植被供水指数监测模型确定了贵州省的干旱面积和干旱指标,并建立了植被供水指数估计地面干旱指数的回归方程。邓玉娇等(2006)2004 年利用广东省干旱监测中运用植被供水指数法对干旱灾害进行了监测,并结合土地利用类型实现了干旱分类信息的提取。赵伟(2009)不仅利用 VSWI 指数计算了 2006 年重庆市特大干旱时期的土壤相对含水量时空分布图,还对研究区干旱发生的时空变化特征进行了有效的分析。肖国杰等(2006)在辽西干旱监测中的研究表明,研究结果与实地的旱情分布基本一致,使得卫星遥感在干旱监测中的作用发挥更明显,能更好地监测生长季干旱动态。此外,李新辉等(2010)考虑到半干旱地区植被覆盖度较低时土壤背景对植被指数的影响,采用改进型土壤调整植被指数(MSAVI)代替归一化植被指数(NDVI),修正后的植被供水指数不仅能更详细地反映旱情分布情况,而且对于一些植被覆盖稀少的荒漠区也有一定程度的反映。

　　在植被干旱指数法方面,姚春生等(2004)利用 TVDI 方法反演了 2003 年 8—9 月两个月的新疆地表土壤湿度,通过定量分析验证了 TVDI 与土壤湿度呈显著相关,可以用来反演地表的土壤湿度。吴孟泉等(2007)对云南省红河地区的地表干旱监测结果表明,该方法不仅可以用来对大区域干旱进行检测,而且对山区的干旱预警监测也能起到很好的效果。此外,杨曦等(2009)针对 NDVI 易达到饱和的问题,运用增强型植被指数(EVI)代替归一化植被指数(ND-VI),与地表温度构建 T_s/EVI 特征空间以提高 TVDI 与土壤湿度的相关性,还改进了计算特征空间干湿边的方法,对于反映土壤湿度的时空差异产生了很好的效果。闫峰等(2009)同样采用 T_s/EVI 特征空间较好地估算了土壤表层水分状况,以及 TVDI 与不同土壤深度的相关性在不同时期的差异状况。陈艳华等(2007)则考虑到植被类型对土壤湿度反演精度的影响,利用修正的土壤调整植被指数 MSAVI 替换 NDVI,比较研究了植被类型对 TVDI 提取结果的影响。张学艺等(2009)同时改进地面温度和植被指数,获得改进型温带植被旱情指数(MTVDI),对宁夏作物生长季的干旱进行了遥感监测,其监测精度可控制在 90% 左右。李红军等(2006)对影响 TVDI 旱情指数的地表能量平衡因素(如忽略地表反射率、纬度等)进行研究,通过进一步对植被指数—地表温度特征空间的生态学内涵分析,将地表温度作为下垫面蒸散的函数,提出了温度蒸散旱情指数法(TEDI),推导出了 TEDI 旱情指数,通过实际研究表明,TEDI 旱情指数能够更准确地反映下垫面土壤墒情状况。

4.2 模型基本原理

植物蒸散作用与能量和土壤水分含量关系密切,当能量较高,土壤水分供给充足时,蒸散作用较强,冠层温度处于较低状态,植被指数值较高;反之,土壤水分亏缺时,蒸散作用较弱,冠层温度较高,植被指数值较低(邓辉等,2004)。植被指数(NDVI)提供了绿色植被的生长状况和覆盖度信息,而地表温度(T_s)反映了土壤湿度状况,二者之间存在密切的负相关关系(Nemani et al,1993)。在土壤含水量高时,吸收的太阳能主要用于蒸发,土壤与冠层温度差异不明显,T_s/NDVI 直线接近水平线;在土壤含水量低时,裸土表面迅速干燥,蒸发量小,吸收的太阳能主要用于表面升温,土面温度高,而植被利用整个根层水分,维持较高的蒸腾速率,且植被与周围空气的能量交换以及阴影等,使得冠层温度较低,裸土与冠层温差较大,T_s/NDVI 直线陡,可见该直线斜率反映了区域土壤湿度状况。植被供水指数法和温度植被干旱指数法均以地表温度和植被指数特征空间为基础实现干旱监测。

4.2.1 植被供水指数模型

在有植被覆盖情况下,特别是在植被覆盖度很高时,植被改变了土壤的热传导性质。对于高植被覆盖区农作物的旱灾进行遥感监测,中国气象局国家卫星气象中心提出采用"植被供水指数法"(董超华等,1999)。对于有植被区域,遥感监测到的地面温度实际上是表征植被的冠层温度。当作物受旱时,作物通过关闭部分气孔以减少蒸腾量,避免过多的水分散失,而蒸腾减少后,作物冠层温度就会增高,故作物的冠层温度可以作为表征作物供水状况的一种指标。另外,气象卫星遥感监测到的归一化植被指数 NDVI 是表征植被生长状况的一种常用指标(赵英时等,2005)。当作物受旱之后,叶绿素的色质会发生变化,特别是当出现叶片凋萎不能正常生长时,叶面积指数会显著下降,故 NDVI 的变化是表征作物干旱的一个指标。植被供水指数(Vegetation Supply Water Index,VSWI)的定义式为:

$$\text{VSWI} = B \times \text{NDVI} / T_s \qquad (4.1)$$

式中,T_s 为 VIRR 传感器监测到的地表温度,地表温度是指陆地表面(林地、耕地、草地、裸土、裸岩、城市及居民点等)的温度。实际的地表覆盖相当复杂,很难找到纯一的覆盖类型,但是,在一般情况下,地表可以看作是单一类型,如在冬季,植被稀少,此时获取的地表温度可以看作是土壤温度;而对于有植被的季节或区域,特别是作物完全覆盖的地表,地表温度可以看作作物冠层温度;B 为增强图像层次的增强系数,因为 VSWI 为无量纲数,经过多次研究发现 B 取值 100 效果最佳;NDVI 为归一化植被指数:

$$\text{NDVI} = \frac{CH_2 - CH_1}{CH_2 + CH_1} \tag{4.2}$$

式中,CH_1、CH_2 为 VIRR 第 1、2 通道的反射率。当作物供水正常时,卫星遥感的植被指数在一定的生长期内保持在一定的范围,而卫星遥感的作物冠层温度也保持在一定的范围内;如果遇到干旱,作物供水不足,一方面作物的生长受到影响,卫星遥感的植被指数将降低,另一方面,作物的冠层温度将会升高,这是由于干旱造成的作物供水不足,作物没有足够的水供叶面蒸发(蒸发带走热量),被迫关闭一部分气孔,致使植被冠层温度升高。植被供水指数越小,旱情越严重。该方法综合考虑了作物受到干旱影响时在红光、近红外、热红外波段上的反应,具有较好的应用效果。

植被供水指数越小,旱情越严重,植被供水指数法在植被覆盖度高的地区应用效果较好。但植物叶片气孔的开闭、土壤含水量的滞后效应,光照及作物种类影响该方法准确性。

4.2.2　温度植被干旱指数模型

土壤湿度是干旱的指标之一,是气候、水文、生态、农业等领域的主要参数。它在地表与大气界面的水分和能量交换中起重要作用。植被指数(NDVI)是由卫星传感器可见光和近红外通道探测数据的线性或非线性组合形成的,能够反映绿色植物生长和分布的特征指数。一般来讲,当作物缺水时,作物的生长将受到影响,植被指数(NDVI)将会降低,而地表温度(T_s)反映了土壤湿度状况,二者的信息互补,为区域土壤湿度的监测提供了潜力。Goward 和 Hope 利用 AVHRR 数据发现 T_s/NDVI 关系随土壤湿度变化时,发现植被指数与地表温度具有很强的负相关性。在遥感观测数据中,这一现象在多种植被类型和传感器上得到验证(柳钦火等,2007)。

Price(1990)发现当研究区域的植被覆盖度和土壤水分条件变化较大时,以遥感资料得到的 T_s 和 NDVI 为纵横坐标得到的散点呈三角形;Moran 等(1994)利用植被指数和地表温度(温差)估测作物水分状况,认为对于一个区域来说,若地表覆盖类型从裸土到密闭植被冠层,土壤湿度由干旱到湿润,则该区域每个像元的植被指数和地表温度组成的散点图呈现为梯形,如图 4.1。图中的 A、B、C、D 四个点代表了 T_s-NDVI 特征空间中的四种极端情况,分别表示干燥裸土(NDVI 小,T_s 高)、湿润裸土(NDVI 和 T_s 都最小)、湿润且完全植被覆盖的地表(NDVI 大,T_s 高)和干燥且完全植被覆盖的地表(NDVI 和 T_s 都最大)。AD 表示干边,表示低蒸散,干旱状态;BC 表示湿边,代表潜在蒸散,湿润状态。说明某一区域某一时段内 NDVI 与 T_s 的理论特征空间内,区域内每一像元的 NDVI 与 T_s 值将分布在 ABCD 4 个极点构成的 T_s/NDVI 特征空间内,T_s/NDVI 特征空间可以被看作是由一组土壤湿度等值线组成。

Sandholt 等(2002)利用简化的 NDVI-T_s 特征空间提出水分胁迫指标,即温度植被干旱指数,在该简化的特征空间,将湿边(T_s-min)处理为与 NDVI 轴平行的直线,干边(T_s-max)与

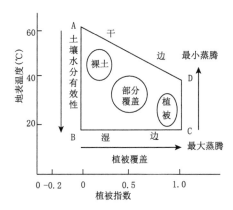

图 4.1　地表温度和植被指数构成的
梯形空间(引自 Sandholt,2002)

NDVI 呈线性关系。于是提出了温度植被干旱指数(Temperature-Vegetation Dryness Index,TVDI)的概念。TVDI 由植被指数和地表温度计算得到,其定义为:

$$TVDI = \frac{T - T_{min}}{T_{max} - T_{min}} \tag{4.3}$$

式(4.3)中,$T_{max} = a + b \times NDVI$,为某一 NDVI 对应的最高温度,即干边,$a$、$b$ 是干边的拟合系数;$T_{min} = a'b' \times NDVI$,为某一 NDVI 对应得最低温度,即湿边,$a'$、$b'$ 为湿边拟合系数。

TVDI 与土壤湿度呈负相关关系,TVDI 越大,土壤湿度越低,旱情越严重;反之,土壤湿度越高。

4.3　干旱监测结果分析

山西省气象观测站共有 109 个站点,除太原和榆次不进行土壤相对湿度观测外,剩余 107 个观测站。每个观测站的表层土壤相对湿度值测量为逢"8"(每月 8、18、28 日)进行,4—10 月共有 20 个时段。本研究首先将时段内所有气象观测站的表层土壤相对湿度值转换成相对干旱值并进行干旱等级划分。考虑到植被生长对土壤干旱程度响应有一定的滞后性,分别提取每个观测站相应实测时间推后 5 天内 VSWI 和 TVDI 的平均值,并进行干旱等级划分。然后将 VSWI 和 TVDI 获取的干旱等级分别与实测干旱等级进行对比分析,验证 VSWI 和 TVDI 模型干旱等级监测的准确性。再分别将 VSWI 和 TVDI 与实测相对干旱情况进行空间对比分析,最后选取监测结果较好的气象观测站对其旱情进行时间变化特征分析。

4.3.1　干旱等级监测准确性验证

4.3.1.1　VSWI 干旱等级监测准确性验证

实测相对干旱值取 1 减去实测 10～20 cm 深度表层土壤相对湿度平均值,依据干旱分级指标对实测相对干旱值和 VSWI 进行相应干旱等级划分,见表 4.1。

根据表 4.1 分别获取每个气象观测站 20 个时段内实测干旱等级和相对应的 VSWI 干旱等级并进行对比分析,分别统计 VSWI 的每个干旱等级与所有实测干旱等级对应个数占总个数的百分比,见表 4.2。表 4.2 中的对角线表示 VSWI 确定的干旱等级与实测干旱等级一致,占总数的 40.43%;与对角线相邻的两条斜对角线表示 VSWI 确定的干旱等级与实测干旱等级相差一级,结果相近,占总数的 60.36%。分析结果显示干旱监测结果较理想,对干旱监测具有一定的参考价值。

表 4.1　VSWI 干旱等级划分

等级	类型	实测相对干旱值	VSWI
1	无旱	$R \leqslant 0.4$	$R > 1.3$
2	轻旱	$0.4 < R \leqslant 0.5$	$1.2 < R \leqslant 1.3$
3	中旱	$0.5 < R \leqslant 0.6$	$1.1 < R \leqslant 1.2$
4	重旱	$0.6 < R \leqslant 0.7$	$1.0 < R \leqslant 1.1$
5	特旱	$0.7 < R$	$0 < R \leqslant 1.0$

表 4.2　VSWI 与实测相对干旱值干旱等级对比分析(%)

实测干旱等级 \ VSWI	1	2	3	4	5
1	37.91	11.65	9.01	5.38	2.02
2	5.15	1.34	0.95	0.45	0.06
3	4.76	0.95	1.01	0.28	0.06
4	4.42	0.67	0.56	0.11	0.06
5	9.85	1.85	1.12	0.34	0.06

4.3.1.2　TVDI 干旱等级监测准确性验证

TVDI 计算过程中将参数湿边(T_s-min)处理为与 NDVI 轴平行的水平线,而不是与 ND-VI 呈线性关系的斜线,这使得在低 NDVI 时会造成 TVDI 被高估。根据植被生长规律,4—9 月 NDVI 逐渐增大,从 9 月底—10 月 NDVI 开始减小。因此,TVDI 干旱等级分级标准需要根据 4—10 月 NDVI 变化情况进行调整,见表 4.3。

表 4.3　TVDI 干旱等级划分

等级	类型	4—5月 TVDI	6—7月 TVDI	8—9月 TVDI	10月 TVDI
1	无旱	$0 < R \leqslant 0.55$	$0 < R \leqslant 0.7$	$0 < R \leqslant 0.75$	$0 < R \leqslant 0.65$
2	轻旱	$0.55 < R \leqslant 0.65$	$0.7 < R \leqslant 0.8$	$0.75 < R \leqslant 0.8$	$0.65 < R \leqslant 0.75$
3	中旱	$0.65 < R \leqslant 0.75$	$0.8 < R \leqslant 0.9$	$0.8 < R \leqslant 0.85$	$0.75 < R \leqslant 0.85$
4	重旱	$0.75 < R \leqslant 0.85$	$0.9 < R \leqslant 0.95$	$0.9 < R \leqslant 0.95$	$0.85 < R \leqslant 0.95$
5	特旱	$0.85 < R$	$0.95 < R$	$0.95 < R$	$0.95 < R$

根据表 4.3 分别获取每个气象观测站 20 个时段内实测干旱等级和相对应的 TVDI 干旱等级并进行对比分析,分别统计 TVDI 的每个干旱等级与所有实测干旱等级对应个数占总个数的百分比,见表 4.4。表 4.4 中的对角线表示 TVDI 确定的干旱等级与实测干旱等级一致,占总数的 50.56%;与对角线相邻的两条斜对角线表示 TVDI 确定的干旱等

级相差一级,结果相近,占总数的 76.26%。分析结果显示干旱监测结果较理想,对干旱监测具有一定的参考价值。

表 4.4　TVDI 与实测相对干旱值干旱等级对比分析(%)

实测 干旱等级 ＼ TVDI	1	2	3	4	5
1	44.85	9.13	5.26	3.36	1.29
2	8.51	2.86	3.19	1.51	0.45
3	5.43	2.18	2.24	0.90	0.34
4	2.58	2.07	1.46	0.56	0.11
5	0.73	0.22	0.50	0.22	0.06

4.3.2　监测结果空间变化特征分析

由于时段较多,图 4.2 仅选 2013 年取 4—10 月每月 18 日 VSWI、TVDI 干旱监测分布图

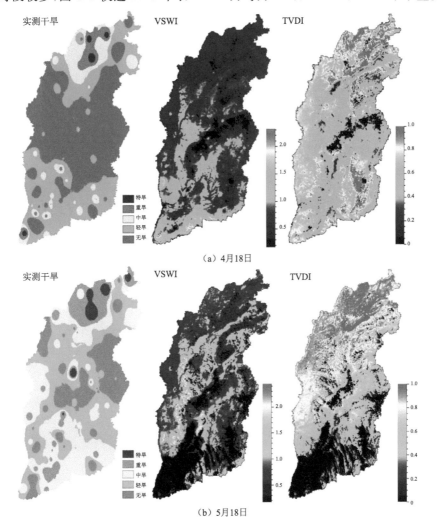

（a）4月18日

（b）5月18日

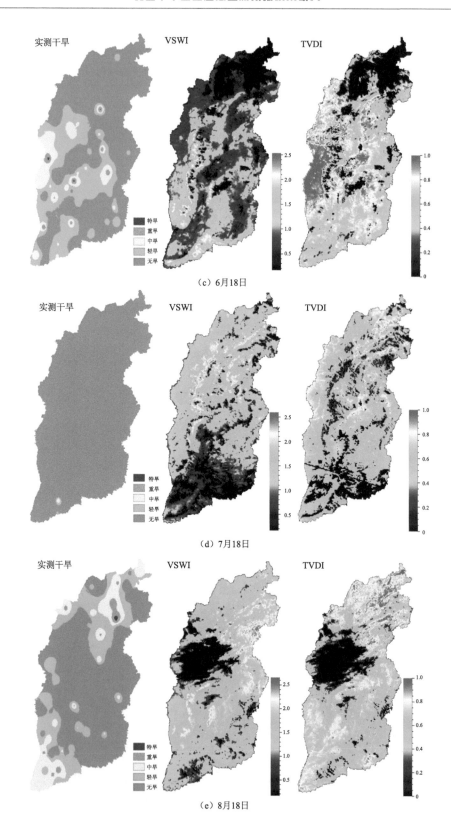

（c）6月18日

（d）7月18日

（e）8月18日

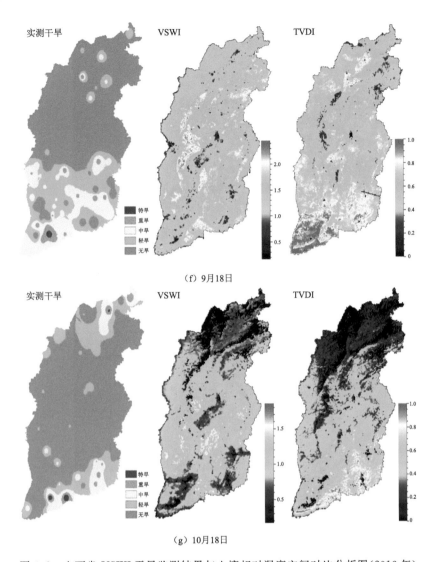

(f) 9月18日

(g) 10月18日

图 4.2 山西省 VSWI 干旱监测结果与土壤相对湿度空间对比分析图(2013 年)

(自 18 日起 5 天内平均值)分别与全省实测干旱分布图进行空间对比分析,VSWI 和 TVDI 干旱监测图颜色显示为黑色的地区是受到云的干扰,未能反演出干旱情况。图 4.2(a)~(g)左侧均为当日全省实测干旱分布图,土壤湿度越小,旱情越严重;中间均为 VSWI 干旱监测分布图,VSWI 值越小,旱情越严重;右侧均为 TVDI 干旱监测分布图,TVDI 值越大,旱情越严重。由图 4.2(a)~(g)分别可以看出,4 月 18 日全省 VSWI、TVDI 与实测干旱分布图均呈现较好的一致性,且 TVDI 较 VSWI 的旱情分布范围更精确,北部和东南部地区出现旱情,中部地区墒情适宜;5 月 18 日全省 VSWI、TVDI 干旱监测分布图南部受云影响未能反演出旱情,其余大部地区与实测干旱分布图旱情分布较一致,都表现出全省大部地区出现旱情,且北部旱情严重;6 月 18 日北部少量云,VSWI 和 TVDI 不能反映旱情信息,与中南部实测干旱分布图相比较,TVDI 较 VSWI 呈现更好的一致性,中部地区出现严重旱情;7 月 18 日北部有云,全省 VSWI、TVDI 与实测干旱分布图均呈现较好的一致性,全省大部地区无旱情;8 月 18 日与实测干旱分布图相比,TVDI 较 VSWI 呈现更好的一致性,北部的朔州、大同及忻定盆地出现严重旱情;9 月 18 日与实测干旱分布图相比,TVDI 较 VSWI 呈现更好的一致性,南部地区出现旱情,运城盆地旱情严重;10 月 18 日与实测干旱分布图相比,TVDI 较 VSWI 呈现更好的一致性,南部垣曲旱情严重。通过将 VSWI 和 TVDI 与实测干旱分布图对比分析发现,TVDI 与实测干旱分布图的一致性明显高于 VSWI,TVDI 的监测效果明显好于 VSWI。

4.3.3　监测结果时间变化特征分析

本研究对每个气象观测站 2013 年 4—10 月 20 个时段内 VSWI、TVDI 分别与实测相对干旱值作线性相关性分析,确定旱情监测较好的站点对其时间变化特征进行分析。

4.3.3.1　VSWI 时间变化特征分析

将每个气象观测站 4—10 月 20 个时段内 VSWI 与实测相对干旱值进行线性相关性分析,相关性较好、监测结果较理想的前 10 个站点有神池、平鲁、潞城、右玉、岢岚、灵丘、广灵、山阴、平顺、静乐,分析结果如图 4.3 所示。

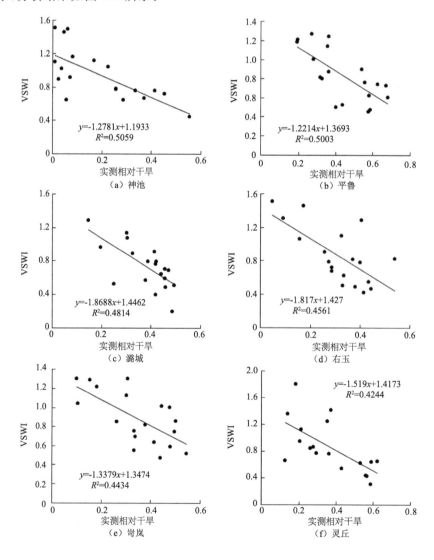

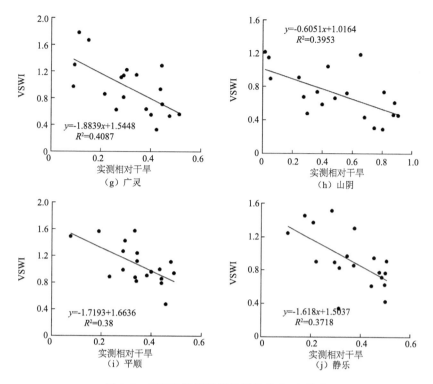

图 4.3　VSWI 监测结果较好的前 10 个站点

图 4.4 为上述 10 个站点的 VSWI 值和实测相对干旱值在 2013 年 4—10 月期间 20 个时

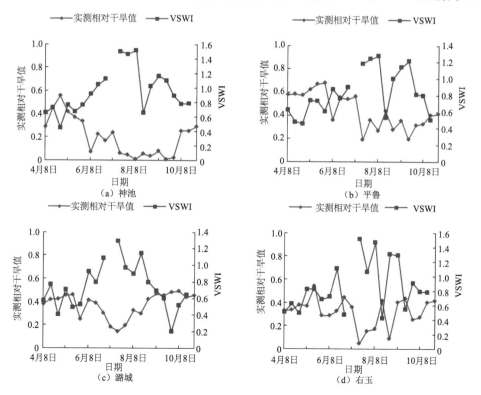

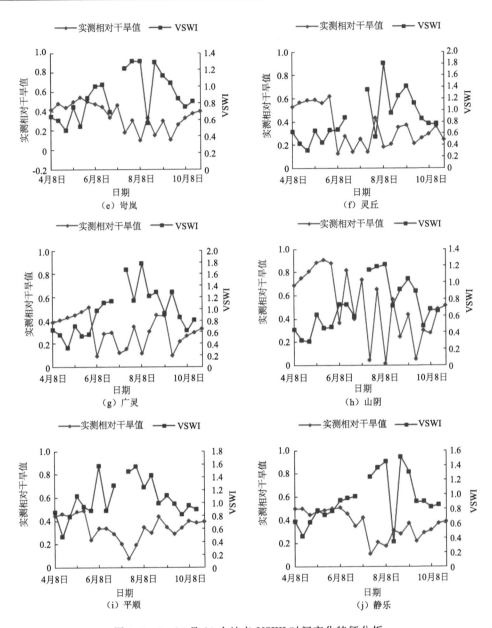

图 4.4　4—10 月 10 个站点 VSWI 时间变化特征分析

段内变化曲线图。由图中可以看出,所选 10 个站点的 VSWI 与实测相对干旱值在研究时段内呈现较好的反相关变化趋势;10 个站点在研究时段内在 4、5 月份干旱监测值较高,6 月份开始旱情减轻,9 月份开始又出现旱情。

4.3.3.2　TVDI 时间变化特征分析

将每个气象观测站 4—10 月 20 个时段内 TVDI 与实测相对干旱值进行线性相关性分析,相关性较好、监测结果较理想的前 10 个站点有沁县、吉县、万荣、永和、河津、岚县、交口、陵川、隰县、临猗,分析结果如图 4.5 所示。

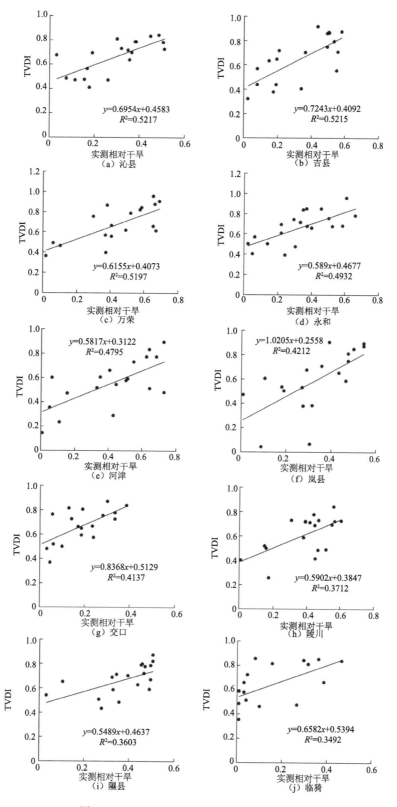

图 4.5 TVDI 监测结果较好的前 10 个站点

图 4.6 为上述 10 个站点的 TVDI 值和实测相对干旱值在 2013 年 4—10 月期间 20 个时

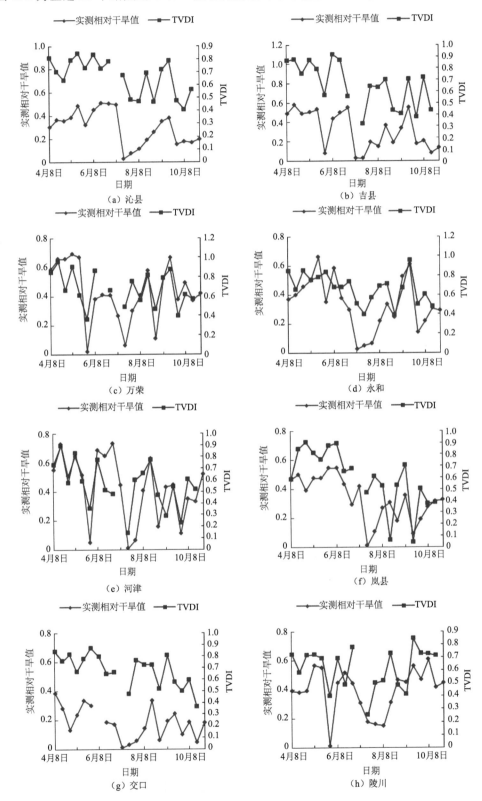

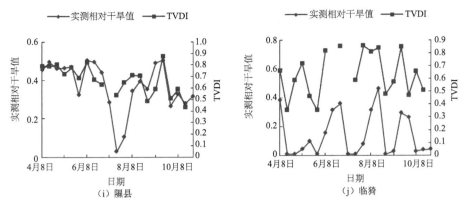

图 4.6　2013 年 4—10 月 10 个站点 TVDI 时间变化特征分析

段内变化曲线图。由图中可以看出,选取的 10 个站点 TVDI 和实测相对干旱值在研究时段内变化趋势整体一致,且在研究时段内除陵川和临猗变化不规律外,其余站点在 4—10 月期间旱情均呈减缓趋势。

4.4　小结

本章研究了应用植被供水指数法(VSWI)和温度植被干旱指数法(TVDI)开展遥感干旱监测的方法和原理;基于理论研究,利用 FY-3A/VIRR 2013 年 4 月—10 月数据,分别计算了该时期的植被供水指数和温度植被干旱指数;利用气象观测站土壤相对湿度的实测数据分别验证了 VSWI 和 TVDI 干旱等级监测的准确性,并对其进行了空间变化特征和时间变化特征分析。

研究结果显示,VSWI 干旱等级与实测干旱等级一致的占 40.43%,与实测干旱等级相邻的占 60.36%;TVDI 干旱等级与实测干旱等级一致的占 56.56%,与实测干旱等级相邻的占 76.26%。TVDI 在空间分布和时间变化上整体监测结果优于 VSWI。

基于上述研究结果,VSWI 和 TVDI 模型在干旱监测工作中已取得了较好的效果,改变了单纯基于植被指数或单纯基于陆面温度进行土壤水分状态监测的不足,有效地减小了植被覆盖度对干旱监测的影响,能较好地反映旱情动态发展过程,监测结果具有一定的实用价值,有助于遥感监测业务工作的进行。但同时此类模型还存在不足之处,主要表现为:在研究对象上,大多要求研究区域具有较高的植被覆盖度和较大表层含水量范围,且归一化植被指数存在饱和问题,对大气影响的纠正不彻底和时间上的滞后性,在干旱初期,很难通过植被指数监测出来,而地表温度作为与之互补的水分胁迫指标的确具有良好的时效性,但在相关模型所要求获取的最高和最低温度上存在困难,且获取的温度或昼夜温差信息受植被覆盖的影响,与实际值相比存在偏差;在技术水平上,因简化反演参数(如植被指数,冠层温度等)的取得过程和干湿边的判别工作等造成监测结果的精准性和客观性不足。由于农业干旱是一个受降水、土壤属性、地形等多因素影响的自然现象,因此此类监测方法应加强综合大气、作物和土壤环境等各个方面因素的业务能力,在增强或改进相关研究参数的同时,加强不同方法的交叉融合使用,使得干旱监测方法从监测角度和内容上加以改进。

　　综上所述,基于地表温度和植被指数特征空间的干旱监测方法在实际监测工作中已得到广泛认可,且在实际工作中也取得了较好的效果,随着监测方法的不断成熟以及遥感技术的不断发展,此类模型在对农业干旱动态监测的应用中将会起到更好的效果。

第 5 章　基于数值模型的干旱监测

　　传统干旱指数在国内外的干旱研究中被广泛采用,但利用 VSWI、TVDI 等方法进行干旱监测是有前提条件的。主要适用于一个地势平坦且气象条件稳定的较小区域,若研究区内地形起伏、南北纬度跨距较大时,会因为各像元接受的太阳总辐射和大气背景的差异带来干旱指数计算的误差(赵杰鹏,2011)。以蒸散作为主要参数的作物水分亏缺指数不但考虑了地表温度和地表覆盖情况,还考虑了大气边界层的温、湿、风、压,物理机制更加明确,作为一种表征农业干旱的指标一直以来也受到研究者的关注。联合国粮农组织(FAO)也推荐用水分亏缺指标来表征作物的需水状况(Allen,1998)。马治国等(2008)分析了福州市近 34 年来地表潜在蒸散量和湿润指数的变化特征及其与农业干旱的关系。孔凡忠等(2006)得出用旬土壤水分相对盈亏程度划分干旱级别确定土壤干旱程度,进而对历年各旬干旱程度进行模拟是一种行之有效的方法。段永红等(2004)作了北京市参考作物蒸散量的资源分布特征研究。赵同应等(1998)将修正后的 Penman 公式计算的日可能蒸发量用于山西省农业干旱预测模式研究。何瑞华(2001)结合甘肃省农作物生长期的降水量、蒸发量年内变化规律,分析了农作物生长期水分盈亏状况。杜筱玲等(2005)针对江西季风气候特点对 Penman 公式进行了简化,以农田降水蒸发差为指标分析了江西各自然气候区的农田水分盈亏等。他们都为尝试监测农业干旱提供了许多有效的途径,但是众多诊断指标都由于其基本原理和操作可行性有其特定的适用性和局限性,生产实践中较难应用。

　　目前,基于 SEBS 模型的 CWSI 指数应用还较少,只有 Su 等(2003)利用 2000 年 4—9 月每月选择一天晴日的 AVHRR/NOAA 数据,计算了相对蒸散比,并与全省 13 个气象站的旬相对土壤湿度进行对比。结果显示,SEBS 的相对蒸散比与 4 月的相对土壤湿度之间存在较好的相关性。本研究在 SEBS 模型的基础上,根据山西省的地形地貌和地表覆盖特征进行模型参数改进,并对研究区域内的地表能量通量进行了估算。通过计算得到了山西省 2013 年、2014 年 4—10 月的 CWSI 的空间分布,并经与实测相对土壤湿度和降水量的对比。结果表明,CWSI 与土壤湿度和降水都显示了一致的时间和空间分布规律,证明了 CWSI 用于干旱监测的稳定性和有效性。

5.1　遥感蒸散发研究进展

　　地表蒸散是土壤—植被—大气间能量相互作用和交换的体现,其核心是能量流的传输。蒸散法的理论基础来源于 P. M 彭曼公式。蒸散发(Evapotranspiration,ET)包括土壤蒸发和植被蒸腾,是水循环的关键环节,区域蒸散的研究多年来一直备受国内外地理、气象、生物等科学界的关注。自 1802 年 Dalton 蒸发定律到 1948 年 Penman 蒸发公式的建立,再到目前基于植物生理、微气象学的土壤-植被-大气传输模型(SVAT model),蒸发量的研究已经经历了 200 多年的历史,并取得了一系列重要成果。然而,传统的蒸散发研究目标多集中在点上,难以推广到下垫面几何结构与物理性质非均匀的区域尺度上。近年来,遥感技术的崛起与不断发展为区域蒸散的定量估算开辟了新的途径。

遥感在蒸散量估算中的应用主要通过热红外技术得以实现。1966 年 Fuchs 和 Tanner 发现作物温度能够指示作物生长状态,而测得的温度又受作物结构、光照和观测角等因素的影响。随后,热红外数据被成功应用于大尺度蒸发模拟亮温和气温间温差的计算中。1973 年基于能量平衡和作物阻抗原理的作物阻抗－蒸散发模型的提出,为热红外遥感温度应用到蒸散发模型提供了理论依据(Brown et al,1973)。Idso 等发展了用遥感估算潜在蒸散的经验模型,可以估算 24 小时蒸散发率;Jackson 等建立了每日一次的热红外冠层空气－温度差与日蒸散发的统计模型;Menenti 首先提出并扩充了蒸发过程的物理理论和方法,根据从遥感信息上反映的表观土壤热力学属性,提出了土壤－大气热量交换理论;Bastiaanssen 和 Menenti 通过利用 Landsat 数据反演埃及西部沙漠地区地表反射率和地表温度,从而计算了该地区地下水损耗量。Roerink 等提出了地表能量平衡指数(S-SEBI)模型;Bastiaanssen 等(1998)和 Su、Li 等分别提出了基于地表能量平衡方程的 SEBAL 模型和 SEBS 模型。这些定量遥感模型为遥感技术在水资源中的利用奠定了较好的基础,但由于在反演地表特征参数时一般需要非遥感信息,如风速、气温等,因而限制了这些遥感模型的广泛应用。

国内在利用卫星遥感资料估算非均匀陆面区域蒸散量方面起步较晚,起初的研究局限于用卫星遥感资料来推算地表反射率、植被指数及亮温等各种地表特征参数。在遥感蒸散模型研究方面,张仁华教授做了大量工作,定量反演了华北地区的作物蒸腾,提出了一种可操作的、用以修正的二层模型耦合机制的区域尺度地表通量定量遥感二层模型的物理基础及以微分热惯量为基础的地表蒸发全遥感信息模型。在陆面物理特征量及能量平衡各分量的研究方面,马耀明等做了大量的工作。此外,学者们将多种模型遥感蒸散模型引进各自研究区域,并对其进行校正与改良,大大促进了定量遥感蒸散模型的应用与发展。

我国学者对遥感应用于区域蒸散发也做了大量研究。2002 年,陈云浩等在利用遥感资料求取地表特征参数(如植被覆盖度、地表反照率等)的基础上,建立了裸露地表条件下的裸土蒸发和全植被覆盖条件下植被蒸腾计算模型,然后结合植被覆盖度(植被的垂直投影面积与单位面积之比)给出非均匀陆面条件下的区域蒸散计算方法。2005 年,李红军等采用 Landsat7 ETM＋数据,利用 SEBAL 模型对河北省栾城县进行了遥感蒸散研究,计算了相关地面特征参数与日蒸散量。2007 年,何延波等将地表能量平衡系统(SEBS)扩展成遥感日蒸散估算模型,利用 MODIS 遥感数据估算了黄淮海地区的区域蒸散,并在地理信息系统的支持下分析了不同地表覆盖下的区域蒸散统计分布特征等。

5.2　典型的遥感蒸散发模型

利用遥感研究蒸散发有很多方法,统计经验法、能量平衡法、数值模型、全遥感信息模型等方法。在这些方法的基础上,发展了很多估算陆面蒸散量的遥感模型。根据分层的不同,可以分为一层模型、二层模型和多层模型。一层模型把能量界面当作一个大叶,对土壤和植被不做区分,因此对于表面粗糙度以及空气动力学温度和辐射温度之间差异的敏感程度很高,只适用于地表是均一、闭密的植被,在地表不完全覆盖时误差很大。当前国际上应用比较广泛的一层遥感模型有 SEBAL(Surface Energy Balance Algorithm for Land)和 SEBS(Surface Energy Balance System)。二层模型可以分别计算植被及其下层土壤的潜热和显热通量,最典型的二层模型为 Shuttleworth-Wallace 模型,在二层模型中,有分层模型和分块模型两种;另外也有学者基于一层或二层模型的理论思想,提出了多层模型,即将冠层—土壤看作若干层。下面介绍几种常见的模型。

5.2.1 SEBAL 模型

SEBAL 模型是由荷兰 Water-Watch 公司的 Bastinnassen 等开发的基于遥感的陆面能量平衡模型(Bastiaanssen,1998),用于估算陆地复杂表面的蒸发蒸腾量。该模型在西班牙、尼日尔、美国和中国等地进行了精度检验,证明其精度在测量仪器的误差范围内,并在许多国家得到了推广应用。SEBAL 模型应用于晴朗天气条件下具有"极干"和"极湿"表面的研究区,利用遥感可见光、近红外和热红外数据,反演地表反照率、NDVI、地表比辐射率、地表温度等参数,结合较少气象参数,如大气温度、风速和大气透过率及植被高度等下垫面信息,不需要进行数值计算,就可以得到不同土地覆被类型的净辐射通量、土壤热通量和感热通量。潜热通量(蒸散发)该模型为众多研究案例证明是有效和实用的。

SEBAL 的主要不足在于:(1)研究区需要存在极冷和极热地表面,并且在"极冷点"和"极热点"的选择中,应该排除地表温度的离群值,冷热点的选择具较大经验性,热点粗糙长度对感热通量的计算较为敏感;(2)由于风速和地表温度反演的不确定性,感热通量有可能超过能量收入,这会对反演潜热通量带来误差;(3)在复杂地形和下垫面条件下,地表粗糙长度会有很大不确定性,用经验的办法定义粗糙长度会产生误差。

5.2.2 SEBS 模型

SEBS 模型是由荷兰瓦赫宁根大学的 Su 等(2001)提出的用遥感数据计算大气湍流通量和地表蒸散的模型,已经在欧洲和亚洲等许多地方得到了应用,被认为是当前精度较高的蒸散计算模型之一。

SEBS 的主要创新之一是,提出了在 kB^{-1} 的参数化计算方法,减小了在反演大尺度非均匀地表面由于热量传输粗糙长度不确定性所带来的误差;另一个主要创新是基于能量平衡指数概念(Surface Energy Balance Index,SEBI),逐像元计算"干限"和"湿限"的能量平衡以确定温度梯度的边界条件,使得反演的感热通量被调整在可获得能量、气象要素和地表温度所确定的范围内。而过去基于 SEBI 概念的方法是对所有的像元采用同一个边界条件逐像元的确定 SEBI 和热通量使 SEBS 适合于与数值气候预报模型耦合输出大气边界层参数,经过数据同化后可为水文、气象和生态模型提供精确的分布式输入变量,提高模拟精度。

SEBS 的主要不足在于:(1)反演早晨或下午,即大气在稳定状态和非稳定状态转换时刻的通量误差较大,这是由稳定修正函数的局限所致;(2)对湍流通量反演较为敏感的风速场、温度场、湿度场需要足够的气象观测数据才能够应用气象模型进行模拟以达到摩擦速度在 25% 以内;(3)对 kB^{-1} 的合理估计意味着需要更多的下垫面信息,在没有研究区先验了解的情况下,较难减小 kB^{-1} 的不确定性。

5.2.3 Penman-Monteith(P-M)模型

1948 年，Penman 提出基于能量平衡原理估算可能蒸发的公式，即 Penman 公式，Monteith(1965)将冠层阻抗的概念引入 Penman 公式中，表征植被生理作用和土壤供水状况对潜热通量的影响，以估算非饱和下垫面的实际蒸散发，得到著名的 Penman-Monteith 公式。Penman-Monteith 公式已经被证明在估算致密冠层的蒸散发中有较好的效果，经过合适定义表面阻抗后的 Penman-Monteith 公式也可以用在稀疏植被覆盖的陆面蒸散发估算中。但由于决定表面阻抗的植被生理特征、环境因子、土壤供水状况等因素较为复杂，致使表面阻抗本身难以确定，从而限制了 Penman-Monteith 公式空间尺度的扩展。Shuttleworth 于 1991 年提出了由串联双层模型衍生的 Penman-Monteith 公式。该模型假设冠层和土壤的水热汇于冠层内的假想高度处，并作为水热通量源与大气进行湍流交换。1963 年，Bouchet 提出了著名的互补关系原理，即：湿润环境下实际蒸散发和潜在蒸散发相等；随着土壤水分减少，实际蒸散发减小，而潜在蒸散发增加，二者的增量绝对值相等；潜在蒸散发变化范围为在湿润环境下其值的 1～2 倍间。互补关系原理为估算实际蒸散发开辟了一个崭新的途径。以该原理为基础，根据湿润环境蒸散发、潜在蒸散发的表达式不同，产生了一系列估算实际蒸散发的互补关系模型。

P-M 模型综合了辐射和感热的能量平衡和空气动力学传输方程，有着坚实的物理基础。但 P-M 模型是对冠层结构的简化，在植被冠层密闭的情况下估算精度较高，适合在干旱区农田作物蒸散发估算中使用。对于有多种植被存在的干旱区区域研究，P-M 模型的应用会受到限制，这种方法一般只是作为遥感技术估算干旱区蒸散发结果的地面检验方法。

5.2.4 TSEB 模型

双源模型(TSEB 模型)把地表分成双层结构，更接近于实际地表结构，真实反映了植被—土壤—大气能量传输特性，近年来受到广泛的关注。双源模型分为串联(Series)模型和平行(Parallel)模型。串联模型将下层土壤与上层植被冠层看作上下叠加、彼此连续的湍流源，两湍流源共同影响冠层内部的微气象特性；而平行模型对其进行了简化，不考虑土壤和冠层之间的交互作用，假设土壤通量和冠层通量互相平行，土壤与冠层各自独立与空气进行湍流交换。在实际应用中，平行双层模型存在很大争议，因此利用串联模型描述地表和低层大气的热量湍流交换更加准确。但串联双层模型计算复杂，且涉及的土壤、冠层与大气间的水热交换阻抗、冠层阻抗都不易获取，一般都采用经验公式近似，造成模型精度降低，限制了其适用性。

5.3 基于蒸散发模型的干旱监测模型

地表能量平衡系统 SEBS(Surface Energy Balance System)发展相对较晚，但相对于其他的遥感通量估算模型，SEBS 发展了一个物理模型来描述地表能量通量估算中关键参数——热传输粗糙度长度。该处理方案优于其他遥感通量估算模型中多采用固定值的作法，更适用于大区域尺度的地表能量通量估算。SEBS 遥感模型是利用地表辐射温度估算作物水分胁迫指数或地表能量平衡指数，然后获得相对蒸发和蒸发比，进而得到潜热通量。SEBS 模型包括以下一些模块，用卫星观测的地面反射和发射辐射计算地面参数，如反照率、比辐射率、温度和植被覆盖度等,一个计算热量粗糙度长度的模型,一个可以迭代同时计算摩擦速度、显热通量和稳定度长度的模型,以及用来计算蒸发比的表面能量平衡指数概念,并且用一种时间序列分析方法来计算年度蒸散量。

干旱指数计算采用 1981 年 Jackson 等在能量平衡的基础上提出的作物水分胁迫指数 CWSI(Crop Water Stress Index)。CWSI 使作物缺水指标从冠层温度发展到冠层与大气的气象条件,由于其理论依据得到加强而被广泛地应用于农业干旱监测中,其理论模式见(5.1)。

$$\text{CWSI} = 1 - \frac{ET}{ET_p} \tag{5.1}$$

式中,ET 为实际蒸散;ET_p 为潜在蒸散。由式(5.1)可知,ET 越小,CWSI 越大,反映出下垫面供水能力越差,即土地越干旱。根据 SEBS 模型可以进一步得到公式(5.2)。

$$\frac{ET}{ET_p} = \frac{H - H_{wet}}{H_{dry} - H_{wet}} \tag{5.2}$$

式中,H 为感热通量;H_{dry} 和 H_{wet} 分别为干燥和湿润地表环境下的感热通量极值。

感热通量 H 是指通过传导或对流作用传输到大气中的那部分能量,是大气稳定度、风速和表面粗糙度的函数。如果下垫面较为平坦均匀,则根据大气边界层相似理论,有以下关系,见公式(5.3)~(5.5)。

$$U = \frac{u_*}{K} \left[\ln \left\{ \frac{z - d_0}{z_{om}} \right\} - \Psi_m \left\{ \frac{z - d_0}{L} \right\} + \Psi_m \left\{ \frac{z_{om}}{L} \right\} \right] \tag{5.3}$$

$$\theta_0 - \theta_a = \frac{H}{k u_* \rho C_p} \left[\ln \left\{ \frac{z - d_0}{z_{oh}} \right\} - \Psi_h \left\{ \frac{z - d_0}{L} \right\} + \Psi_h \left\{ \frac{z_{oh}}{L} \right\} \right] \tag{5.4}$$

$$L = -\frac{\rho C_p u_*^3 \theta_v}{k g H} \tag{5.5}$$

式中,z 是参考面高度;U 是风速;u_* 是摩擦风速,是动力学传输粗糙度;Ψ_m 和 Ψ_h 分别是动力学和热力学传输的稳定度订正函数;L 是莫宁霍夫长度;H 是感热通量;k 是卡尔曼常数;ρ 是空气密度;C_p 是气体常数;g 是重力加速度;θ_v 为近地表虚位温。

在上式中,H、u_*、L 是未知量,其他变量可通过气象站数据结合遥感地表参数求得。通过对动力和热力传输的稳定度订正后,H、u_*、L 可通过迭代方法联合 3 个方程式求解。

H_{dry} 为干限,此时由于受土壤湿度的限制,潜热最小,可认为 0,感热最大。$ET_{dry} = R_n - G_0 - H_{dry} \equiv 0$,即式(5.6)。

$$H_{dry} = R_n - G_0 \tag{5.6}$$

H_{wet} 为湿限,此时感热最小,但不可忽略为 0,潜热最大。见式(5.7)。

$$H_{wet} = \frac{R_n - G_0 - \dfrac{\rho C_p}{r_{ew}} \cdot \dfrac{e_s - e}{\gamma}}{1 + \dfrac{\Delta}{\gamma}} \tag{5.7}$$

式中,Δ 是饱和水汽压-温度曲线斜率;γ 是温度计算常数;e_s 和 e 分别为饱和水汽压和实际水汽压;r_{ew} 是湿限下的空气动力学阻抗;G_0 是土壤热通量,可由式(5.8)计算得到。

$$G_0 = R_n [\Gamma_c + (1 - f_c)(\Gamma_s - \Gamma_c)] \tag{5.8}$$

式中,$\Gamma_c = 0.05$,为全植被覆盖条件下土壤热通量与净辐射的比率;$\Gamma_s = 0.315$,为裸土条件下土壤热通量与净辐射的比率;f_c 为植被覆盖率;R_n 是净辐射通量,R_n 实际是到达地面的太阳辐射量,地表得到的太阳辐射是气候形成及气候变化的主要因素,是各种热量交换的基础。本研究利用 FY2E 卫星数据反演逐小时地表净辐射数据,反演方法采用武永利等提出的山西高原太阳潜在总辐射计算模型(武永利等,2009),该模型综合考虑了天空因素(大气气溶胶、水汽含量、云量)和地形因素(DEM、积雪覆盖)对太阳辐射的影响,并对模型中各种大气参数和地表参数进行订正,具有较高的时空分辨率。

5.4　干旱监测模型验证

山西省南北大约跨越 7 个纬度,共 109 个气象站,由于榆次和太原不进行土壤湿度观测,所以利用 2013 年 4—10 月(站点解冻后和封冻前)中旬具有连续土壤相对含水量资料的 107 个气象站的 10～20 cm 深度的土壤相对含水量进行精度验证。2011 年之前山西省气象观测站的表层土壤相对湿度值测量为逢"3""8"(每月 3、8、13、18、23、28 日)进行,2012 年之后改为逢"8"(每月 8、18、28 日)进行,且 2012 年以后开始由人工测墒改为仪器自动测墒。本研究以 2013 年为例对 CWSI 指数进行精度验证。

5.4.1　监测结果空间分析

5.4.1.1　干旱空间分布分析

将山西省 2013 年 4—10 月的逐旬反演的地表参数与逐时的 FY-2G 地表净辐射数据和自动站气象数据代入改进的 SEBS 模型后,计算得到研究区内的蒸散发量,再根据 CWSI 指数计算得到区域的日干旱指数。为分析反演结果的有效性,选取 2013 年 4—10 月中旬山西省范围内具有连续土壤相对含水量资料的 107 个气象站的 10～20 cm 深度的土壤相对含水量进行了插值,插值方法采用农业气象业务的逆距离权重法,并根据土壤相对湿度干旱等级对结果进行分类,提取对应日期的 CWSI 指数分布图,见图 5.1。

从图 5.1 可以看出,4 月份实测墒情和 CWSI 均表现为山西省北部和南部地区旱情较重,实测墒情在朔州的部分地区呈现中到重旱,CWSI 指数图上在相应位置出现旱情,但程度较低;5 月实测墒情为大部分地区出现不同程度的旱情,CWSI 指数图也表现出全省普遍干旱,但细节处有差异;6 月份实测墒情和 CWSI 均表现为山西省北部墒情较好,南部有轻度干旱;4—6 月份 CWSI 指数图有一个共同点就是城镇密集区旱情比实测值偏高,这可能是由于实测墒情站均位于耕地区,且插值时也不考虑城镇用地,所以在城镇用地区域会出现旱情低估的现象,实际上,旱情对于这类型土地利用类型来说意义不大,所以精度验证时不考虑这一类型;7 月份,实测墒情和 CWSI 均表现为山西省全省墒情适宜;8 月和 10 月份实测墒情和 CWSI 均表现为中部墒情适宜,南北轻度干旱,9 月份实测墒情和 CWSI 均表现为南部轻度到中度干旱,北部墒情适宜。

分析 7 个月的 CWSI 干旱指数分布图可以发现,CWSI 受地形和植被的影响较为明显,植被茂盛的地区出现旱情低估的现象,而在城镇密集区则出现旱情高估的现象,这可能是由于植被具有涵养水源的功能。在相同的水热条件下,植被指数高的地区土壤湿度相对较高,而地形和高程对土壤水分的储存和传输有一定的影响。由于实测墒情干旱监测结果是将 107 个气象站数据进行简单的反距离权重插值得到,在插值过程中不考虑下垫面土地利用类型,这种方法在下垫面均一的情况下效果较为理想。当下垫面情况复杂多变时,效果并不是很好。因此 CWSI

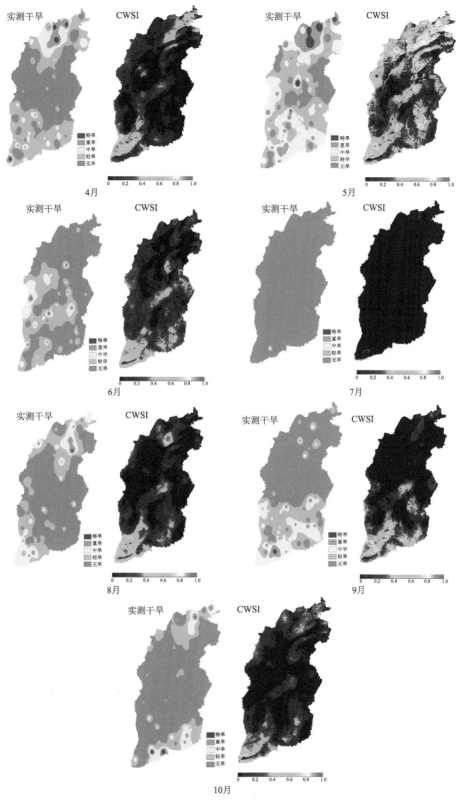

图 5.1　山西省 2013 年 4—10 月实测表层干旱和 CWSI 指数分布图

干旱指数更符合实际情况。

对比 CWSI 干旱指数与气象站干旱监测结果可以看出，CWSI 干旱监测结果与同期气象站干旱监测结果在总体分布上保持一致，而且结果更加精细，在分布上和层次上与实测结果接近。从 7 个月的监测结果看，应用 CWSI 监测的干旱结果，4—6 月、10 月份干旱面积要略大于气象站监测结果，7—9 月则反之，这可能是由于 CWSI 表现的是地表 0 cm 的水分状况，而实测的表层土壤湿度采用的是 10 cm 和 20 cm 深度的土壤湿度的平均值，导致结果存在一定的差异。再者，由于山西省 4—6 月，10 月风大，蒸发旺盛，导致地表水分迅速流失，从而使以蒸散发为基础的 CWSI 干旱指数偏高，而 7—9 月情况正好相反。

除此以外，还有一些人为因素也导致了误差的生成，CWSI 反演时所用的气象数据来自于国家基准站，而人工测墒的结果则是人为在气象站周边测的，二者有一定的空间距离。且 CWSI 反演值为日均值，而人工测墒为大约上午 10 时左右，如果测墒前后有较大的天气变化，也会使实测墒情和反演值产生较大差异。综上所述，CWSI 干旱监测结果与实测干旱结果在总体分布上一致，但在层次上更加精细，对于不同土地利用类型的旱情反映更符合实际情况。而农业上的土壤墒情主要是针对农业用地开展的，在点上具有较高的精度，对于大范围面上的旱情则以点代面，具有较大不确定性。

5.4.1.2 精度分析

农业气象中表层土壤湿度采用 10 cm 和 20 cm 深度的土壤相对湿度的平均值，CWSI 计算得到的干旱指数表征的是地表土壤的干旱程度，而我们一般说的表层干旱则对应的是 10～20 cm 深度的土壤。所以，相对于农业气象的干旱特征，CWSI 表示的干旱指数受地表大气状况的影响很大，且在降雨量较多的情况下，CWSI 会发生迅速的变化。而实测的墒情变化则需要一定时间，且与水分的下渗量有关，即受土壤质地的影响。同时，CWSI 计算过程中要使用 NDVI，在低 NDVI 时会造成 CWSI 被高估，反之则被低估的现象。因此，将 CWSI 干旱等级分级标准分成 4—6 月和 7—10 月两种，并对应于《中华人民共和国国家标准气象干旱等级（GB/T 20481—2006）》划分的农业气象分级指标，见表 5.1。

表 5.1 CWSI 干旱等级划分表

类型	10～20 cm 土壤相对含水量	CWSI（4—6 月）	CWSI（7—10 月）
无旱	60%<R	0<DI≤0.4	0<DI≤0.5
轻旱	50%<R≤60%	0.4<DI≤0.5	0.5<DI≤0.6
中旱	40%<R≤50%	0.5<DI≤0.6	0.6<DI≤0.7
重旱	30%<R≤40%	0.6<DI≤0.7	0.7<DI≤0.8
特旱	R≤30%	0.7<DI≤1	0.8<DI≤1

提取山西省 107 个气象站在 2013 年 4—10 月，逢"3""8"（每月 3、8、13、18、23、28 日）气象站观测的表层土壤湿度值（10 cm 和 20 cm 的平均值），并提取同期的 CWSI 干旱指数图中相对应的 107 个气象站点的数据进行对比验证，见表 5.2。其中，横坐标为反演的 CWSI 分级结果，纵坐标为实测墒情数据分级结果，通过点对点分析 CWSI 的反演精度，表中的对角线表示 CWSI 确定的干旱等级与实测干旱等级一致，占总数的 66.40%；与对角线相邻的两条斜对角线表示 CWSI 确定的干旱等级与实测干旱等级相差一级，结果相近，占总数的 81.46%。总体

来看基于 CWSI 的干旱监测结果较为理想,总精度达到 80% 以上,可以满足业务工作的精度需求。

表 5.2　CWSI 与实测土壤墒情对比分析表(%)

实测＼反演	正常	轻旱	中旱	重旱	特旱
正常	63.31	4.15	2.14	1.85	2.49
轻旱	6.67	1.19	1.03	0.77	0.98
中旱	3.89	0.85	0.77	0.34	1.14
重旱	1.72	0.63	0.61	0.42	0.71
特旱	1.85	0.56	0.53	0.69	0.71

5.4.2　监测结果时间分析

5.4.2.1　干旱时间变化分析

　　山西省气象观测站的表层土壤相对湿度值测量为逢"3""8"(每月 3、8、13、18、23、28 日)进行,4—10 月共有 40 个时段,由于山西省纬度约跨较大,本研究在提供土壤相对含水量资料的 107 个气象站中从北—南选择 10 个气象站分析,分别是平鲁、定襄、岚县、小店、孝义、长子、候马、绛县、晋城、万荣。将时段内气象观测站的表层土壤相对湿度值转换成相对干旱值,提取同期的 CWSI 干旱指数图中相对应的气象站点的数据进行对比分析。图 5.2 为 CWSI 干旱指数和实测相对干旱值在 2013 年 4—10 月中 40 个时段内变化曲线图。从图中可以看出:10 个气象站 CWSI 干旱指数和实测相对干旱值在研究时段内变化趋势相一致,10 个站点 4—10 月的时间变化趋势均表现为前期旱,后期不旱,且北面的站点反演值与实测值的差异较大,而南面的站点反演值与实测值拟合较为理想,重叠度较高。

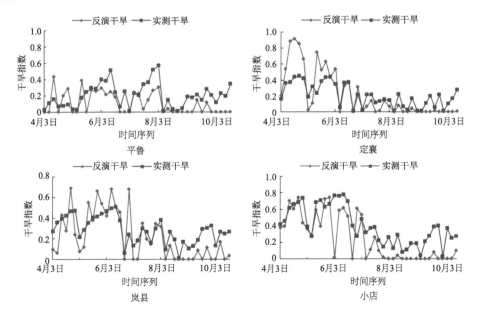

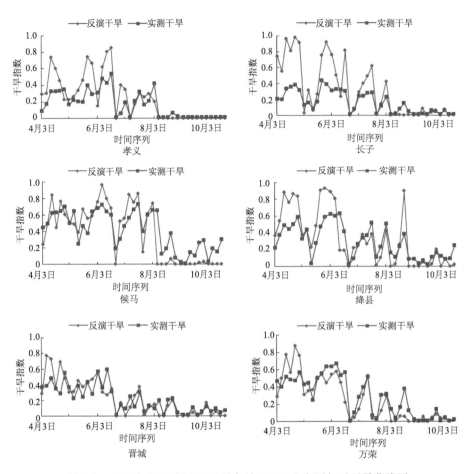

图 5.2　山西省 2013 年 4—10 月各站 CWSI 和实测相对干旱曲线图

5.4.2.2　精度分析

表 5.3 为上述 10 个站点的 CWSI 反演值和实测相对干旱值统计分析,分别对相关系数、相对误差、标准差做了分析。相关系数反映了反演数据与实测数据之间的相关程度,10个站均通过显著性检验,其中有 9 个站的相关程度较高,通过了 0.02 显著认证,平鲁站通过了 0.1 显著认证,从监测结果同样能反映出这种结果。相对误差的平均值指标反映了相对误差的整体状况,10 个站的相对误差分布在 11%～19% 之间,其中平鲁站的相对误差最小为 11.697%,万荣的相对误差最大为 18.7735%,平均相对误差为 15.3884%。标准偏差表示了反演结果偏离其平均值的程度,标准偏差越大表示偏离平均值程度越大。从四个时段看,标准偏差在 14%～30% 之间,万荣的标准偏差最大为 29.0242%,平鲁的标准偏差最小为 14.7504%,与实测数据标准偏差比较,利用蒸散法反演的土壤相对干旱值波动偏大。综上所述,利用 CWSI 进行干旱监测具有较高的相关系数,较小的相对误差,其方法是可行的。

表 5.3　CWSI 和实测相对干旱统计量值

站点	相关系数	相对误差(%)	标准偏差(%)
平鲁	0.507322*	11.697	14.7504
定襄	0.81053**	17.458	23.0347
岚县	0.740128**	15.8845	18.9969
小店	0.752234**	18.4563	26.2323
孝义	0.852127**	14.2213	22.3508
长子	0.905259**	14.8868	27.1814
候马	0.8547**	13.6136	24.2841
绛县	0.81759**	15.3998	23.1937
晋城	0.804216**	13.4935	19.7343
万荣	0.838753**	18.7735	29.0242

注：**表示通过了 0.02 的信度检验，*表示通过了 0.1 信度检验。

5.5　小结

本章介绍了作物缺水指数方法（CWSI）开展遥感干旱监测的方法、原理、定义及公式，在 SEBS 模型的基础上，根据山西省的地形地貌和地表覆盖特征进行模型参数改进，并对研究区域内的地表能量通量进行了估算。蒸散发模型中选用的数据，除遥感反演的地表参数为逐旬的多天合成数据外，地表净辐射采用的 FY-2G 气象卫星数据和自动站气象数据均为逐小时数据，提高了干旱监测的时效性和准确性。同时，模型的输入数据均可以免费实时获取，便于日常干旱业务化的监测。通过计算得到了山西省 2013 年 4—10月 CWSI 的空间分布，对比实测相对土壤湿度和降水量，结果表明，CWSI 与土壤湿度和降水均显示了一致的时间和空间分布规律，证明了 CWSI 用于干旱监测的稳定性和有效性。

与传统的基于遥感的干旱监测方法相比，CWSI 指数不仅考虑了地表的温度和植被指数等参数，同时考虑了实时的气象要素，提高了反演的精度，随机抽取的 10 个站点，对比实测的土壤相对干旱值与同期 CWSI 干旱指数发现，反演值与观测值在研究时段内变化趋势相一致，重叠度较高；10 个站有 9 个站均通过 0.02 显著性检验，1 个站通过了 0.1 的显著性检验；10个站的相对误差分布小于 20%，说明利用 CWSI 进行山西省干旱监测是可行的，具有较高的精度。

由于 CWSI 指数易受气象条件的影响，在风大、降水少的季节得到的干旱结果要略高于实际情况；反之，在风小、降水充足的情况下得到的干旱面积小于实际情况。同时由于实测的土壤相对含水量是相对于田间持水量，受土壤质地的影响较大，而 CWSI 是根据表层植被得到的，不同的作物在相同的情况下表现出来的旱情不同，再者，结果验证时，CWSI 提取的是气象站点的数据，而实测的土壤相对含水量一般位于站点的附近，而不是准确的站点位置，这也是产生误差的一个重要原因。

由于本研究用于干旱监测的蒸散发模型采用单层模型，模型具有简单、易操作等优点，由于模型假定下垫面是均一的整体,对植被和土壤不作区分,导致在植被少的地区出现旱情高估和植被多的地区出现旱情低估的情况。双层或多层蒸散发模型将土壤和植被作为不同层面分别建立蒸散发传输模型,具有较高的模拟精度,但是模型和参数较为复杂,不便于日常业务监测。因此,今后需要在单层模型的参数调整和双层模型的简化上进一步深入研究。

第 6 章　干旱监测模型评估

　　前面研究基于统计模型、遥感模型和数值模型分别对山西省 4—10 月进行干旱监测研究，基于统计模型的干旱监测方法由于其机理明确，具有最高的精度，但是由于其仅限于点监测，空间不足限制了其应用范围。而基于遥感模型和数值模型的干旱监测方法具有实时、快速、大面积等优势，逐渐成为当今干旱监测的主流方法，为进一步比较各种方法的特点和适用性，将 CWSI、VSWI、TVDI 反演的干旱监测结果与实测土壤墒情进行对比分析，得到了适用于山西省的干旱综合监测模型。

6.1　CWSI、VSWI、TVDI 比较分析

　　提取山西省气象观测站 2014 年 4—10 月逢"8"的表层土壤相对湿度值，共有 19 个时段，将时段内气象观测站的表层土壤相对湿度值转换成相对干旱值，并提取同期的 CWSI、VSWI、TVDI 的干旱监测结果中相对应的气象站点的数据进行对比分析。从北至南选择了 6 个气象站进行分析，分别是偏关、平定、清徐、潞城、长治、晋城。

表 6.1　CWSI、VSWI、TVDI 和实测相对干旱统计分析结果

站点	精度	VSWI	TVDI	CWSI
偏关	相关系数	−0.38876	−0.57401	0.695702**
	相对误差(%)	0.232866	0.206961	0.181556
平定	相关系数	−0.0638	−0.33757	0.671862**
	相对误差(%)	0.1216	0.114696	0.09025
清徐	相关系数	−0.26173	−0.31684	0.781796**
	相对误差(%)	0.11808	0.116041	0.076286
潞城	相关系数	−0.04865	−0.4512	0.765489**
	相对误差(%)	0.12706	0.113525	0.08089
长治	相关系数	−0.15879	−0.47494	0.763162**
	相对误差(%)	0.154093	0.137347	0.100856
晋城	相关系数	−0.12874	−0.18825	0.784574**
	相对误差(%)	0.089421	0.088344	0.055335

注：** 表示通过了 0.02 的信度检验。

　　表 6.1 为上述 6 个站点的 CWSI、VSWI、TVDI 和实测相对干旱值统计分析结果，分别从

与实测数据相关系数、相对误差做了分析。从表 6.1 中可以看出,6 个站的 VSWI、TVDI 值和实测相对干旱值无明显的相关性,6 个站的 CWSI 值和实测相对干旱值均具有很高的相关性,6 个站的相对误差表现出了相同的趋势,CWSI 值和实测相对干旱值的相对误差较小,而 VSWI、TVDI 值和实测相对干旱值的相对误差较大。将上述 6 个气象站 2014 年 4—10 月逢"8"的表层土壤相对干旱值,与同期的 VSWI、TVDI、CWSI 干旱指数图中相对应的气象站点的数据绘制成折线图进行对比分析(图 6.1)。从图 6.1 中可以看出,实测干旱和 CWSI 的变化趋势接近,波动范围较小,而 TVDI、VSWI 和实测干旱的变化趋势不一致。前半部分时段(4—6 月)表现得较为相近,后半部分时段(7—10 月)表现出相反的趋势,这也印证了表 5.1 中统计数据表现出来的特征,说明基于 CWSI 值反演土壤相对干旱状况具有较好的效果,而基于 VSWI、TVDI 值反演土壤相对干旱状况只在春季植被不是特别旺盛时具有较好的效果,对于植被较好的夏、秋季节则效果不好。

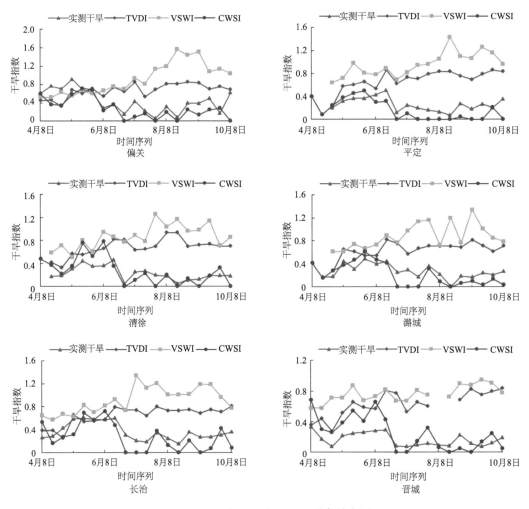

图 6.1　山西省 2014 年 4—10 月各站实测
相对干旱值和 VSWI、TVDI、CWSI 曲线图

6.2　CWSI 与 CI 比较分析

气象干旱综合指数 CI 是利用近 30 d(相当月尺度)和近 90 d(相当季尺度)标准化降水指数,以及近 30 d 相对湿润指数进行综合计算而得。该指标既反映短时间尺度(月)和长时间尺度(季)降水量气候异常情况,又反映短时间尺度(影响农作物)水分亏欠情况。指标既适合实时气象干旱监测又可以进行历史同期气象干旱评估。

参考气象干旱等级国家标准(GB/T 20481—2006),综合气象干旱指数 CI 的计算公式为:

$$CI = aZ30 + bZ90 + cM30 \tag{6.1}$$

式中,$Z30$、$Z90$ 分别为近 30 d 和近 90 d 标准化降水指数;$M30$ 为近 30 d 相对湿润度指数;a 为近 30 d 标准化降水系数,平均取 0.4;b 为近 90 d 标准化降水系数,平均取 0.4;c 为近 30 d 相对湿润系数,平均取 0.8。

通过式(6.1),利用前期平均气温、降水量数据可以滚动计算出每天的干旱综合指数。为方便与实测土壤干旱监测结果比较分析,选取山西省 2014 年 4—10 月逢"8"的气象干旱综合指数(CI),提取对应日期的实测土壤墒情监测结果,并以表 6.2 为标准划分干旱等级。

表 6.2　CI 干旱等级划分表

类型	10~20 cm 土壤相对含水量	CI
无旱	$60\% < R$	$-0.6 < CI$
轻旱	$50\% < R \leqslant 60\%$	$-1.2 < CI \leqslant -0.6$
中旱	$40\% < R \leqslant 50\%$	$-1.8 < CI \leqslant -1.2$
重旱	$30\% < R \leqslant 40\%$	$-2.4 < CI \leqslant -1.8$
特旱	$R \leqslant 30\%$	$CI \leqslant -2.4$

提取山西省 107 个气象站在 2014 年 4—10 月,逢"8"(每月 8、18、28 日)气象站观测的表层土壤湿度值(10 cm 和 20 cm 的平均值),并提取同期的 CI 干旱指数图中相对应的 107 个气象站点的数据进行对比验证,见表 6.3。其中,横坐标为反演的 CI 分级结果,纵坐标为实测墒情数据分级结果,通过点对点分析 CI 的反演精度,表中的对角线表示 CI 确定的干旱等级与实测干旱等级一致,占总数的 53.51%;与对角线相邻的两条斜对角线表示 CI 确定的干旱等级与实测干旱等级相差一级,结果相近,占总数的 85.53%。

对比上一章 CWSI 与实测土壤墒情对比分析表 5.2 可以发现,完全一致的监测结果,CWSI 的精度高于 CI,但是加上相近的监测结果以后,CI 的精度高于 CWSI,说明 CI 在干旱趋势的表征上具有较高的精度,但是要具体到站点上的精准监测,则精度较低,这与 CI 的计算原理有关,其计算不考虑下垫面,只考虑气象因素。而事实上,下垫面状况对干旱情况起到很大的作用,而 CWSI 同时考虑了气象和下垫面因素,且 CI 得到的是以县为单位的均值,将一个县的旱情进行了平均,而实测的墒情数据是点上的精确数据,两者本不是同一概念,因而进一步加大了误差的产生。所以,在精确的干旱监测中,CWSI 的精度高于 CI,但在趋势监测预测中,CI 具有较高的精度。

表 6.3 *CI* 与实测土壤墒情对比分析表(%)

实测＼反演	正常	轻旱	中旱	重旱	特旱
正常	43.42	17.54	5.26	0.44	0.44
轻旱	7.02	7.89	1.75	0.00	0.00
中旱	2.63	4.39	2.19	0.00	0.44
重旱	0.88	0.44	1.32	0.00	0.00
特旱	0.88	1.75	1.32	0.00	0.00

6.3 CWSI 与土壤湿度相关性分析

6.3.1 CWSI 与表层土壤湿度

利用山西省 2014 年 4—10 月,107 个气象站逢"3""8"(每月 3、8、13、18、23、28 日)的表层土壤相对湿度值(10 和 20 cm 的平均值)与同期反演的 CWSI 干旱指数进行对比验证。分析反演值与观测值的相关系数和标准误差,从相关系数图(见图 6.2)中可以看出,土壤墒情与 CWSI 呈现出明显的负相关,相关系数在−0.5～−1.0 之间的站占总数的 88%,其中,相关系数在−0.7～−1 之间的站占总数的 55%,相关系数较低的站点大部分分布在北部地区,中部、南部地区站点的相关性较好,这可能是由于 CWSI 受植被影响较大,北部地区植被少,土壤水分蒸发活动不强烈导致估算土壤水分的时候发生低估。且蒸散发模型中使用的气温、地温、风速、湿度等是自动气象站的数据,土壤墒情湿度值使用的是人工测墒气象站的数据,两类气象站虽然分布于同一区域,但地理位置还是有一定的差异,导致大气参数存在一定的误差,从而影响干旱指数最终的计算结果。标准误差反映了反演值的可靠性大小,从标准误差图(见图 6.3)可知,大部分站土壤墒情与 CWSI 的标准误差在 0.1～0.2 之间,占站点总数的 90%。

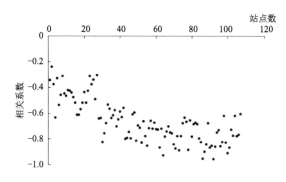

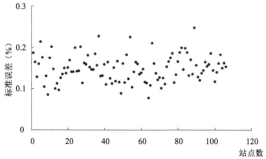

图 6.2 CWSI 与表层土壤墒情相关系数
(为显示方便,107 个站点从北往南按序排,下图同)

图 6.3 CWSI 与表层土壤墒情标准误差

6.3.2 CWSI 与深层土壤湿度

分析同期的 CWSI 干旱指数与山西省 107 个气象站不同深度(30 cm、40 cm、50 cm)的土壤相对湿度和平均相关系数(图 6.4),从图中可以看出,CWSI 干旱指数与 10 cm 土壤相对湿度的相关性最大,随着土层深度的增加,相关性逐渐降低。求取各层 107 个站点的相关系数的平均值,分别为 -0.526、-0.456、-0.390、-0.326、-0.300(如图 6.4 所示),说明 CWSI 干旱指数对于近地面土壤湿度有较好的反演效果,随着土层深度的增加,反演精度降低。

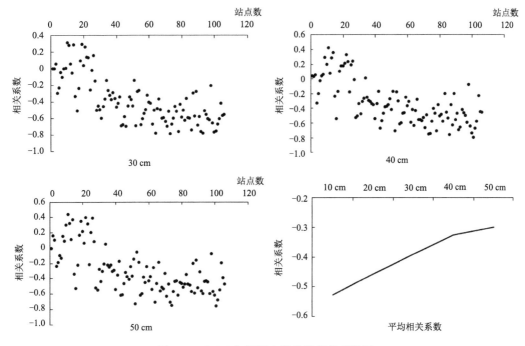

图 6.4　CWSI 与深层土壤墒情相关系数图

6.4　CWSI 与降水量

6.4.1　相关性分析

分析同期的 CWSI 干旱指数与山西省 107 个气象站的同期降雨量的相关系数,得到图 6.5,由图 6.5 中可以看出,大部分站点 CWSI 干旱指数与降雨量存在明显的负相关,且均表现出北部的相关性较低,南部的相关性较高,多数站点的相关系数分布在 $-0.2 \sim -0.4$ 之间。

山西省 2014 年 5 月、7 月、9 月、10 月降雨量较常年偏多。由 CWSI 干旱指数分布图(图 5.2)可知,4 个降雨量偏多的月份在干旱指数分布图上得到体现。尽管在 SEBS 模型中输入的气象数据不包含降雨量数据,但是通过分析 CWSI 指数分布图以及 CWSI 指数与降雨量的相关系数(图 6.5),可以发现大部分站点中两者具有一定的相关性,但相关性不是很高,这可能是由于除降雨量以外,土壤墒情同时还受温度、地形地势、植被、土壤等地表参数的影响。

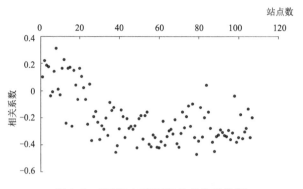

图 6.5　CWSI 与降雨量的相关系数图

6.4.2　时效性分析

　　常规的遥感干旱监测模型由于植被指数对降雨量的滞后反映,导致干旱监测结果对降雨量也存在滞后性,因此有必要探讨 CWSI 干旱监测模型对降雨量的响应情况。本研究选取2014 年全省大范围降雨的 4 个时段,分别为 2014 年 5 月 9 日、2014 年 5 月 29 日、2014 年 6 月24 日、2014 年 7 月 21 日。

　　提取降雨前后两天的 CWSI 干旱指数图以及当天降雨量数据(图 6.6),从图中可以看出:5 月 9 日,山西省北部出现 40～60 mm 的降雨量,较前一日北部的旱情大大降低;5 月 29 日,山西省中、西部地区出现 20～40 mm 的降雨量,相应的地区旱情得到了缓减;6 月 24 日,山西省大部分地区出现 20～40 mm 的降雨量,东南角出现相应 60 mm 的降雨量,较前一日相应的地区旱情降低;7 月 21 日,山西省北部出现了 80～120 mm 的降雨量,北部从原来的重旱转为墒情适宜。综上所述可以发现,降雨量数据与前后两天的 CWSI 干旱指数表现出相同的变化趋势,具有较好的一致性,而 CWSI 模型在计算的过程中输入的气象数据并不包括降雨量。在这样的情况下,CWSI 干旱指数仍能够反映出土壤墒情受降雨量影响发生的变化情况,并能够很好地与降雨量相呼应。可见,与传统的遥感干旱监测模型相比,CWSI 对降雨量表现出高度的敏感性,使得土壤墒情的监测具有更高的时效性。

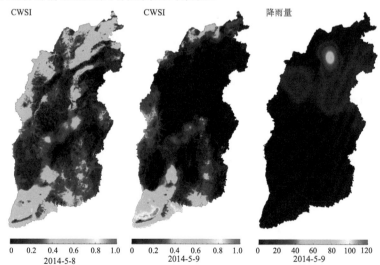

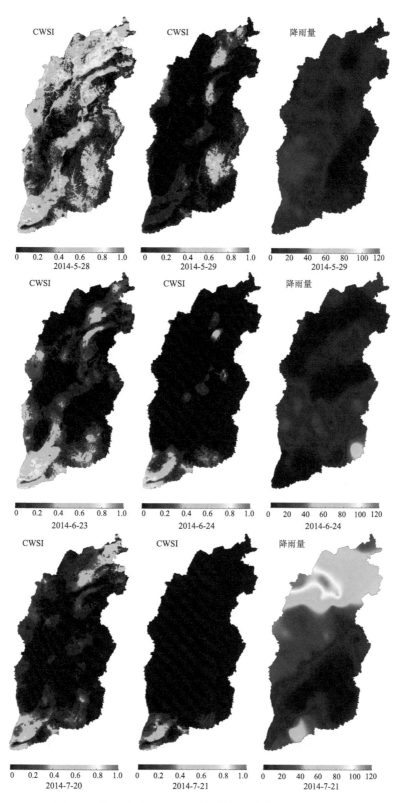

图 6.6　降雨前后 CWSI 干旱指数图以及降雨量图(mm)

6.5 CWSI 的滞后和预先性分析

基于蒸散发的土壤水分反演时,受植被的影响可能出现滞后效应,同时,蒸散发与表层土壤之间存在不停的水分传输与交换,也有可能出现提前时段蒸散发对土壤水分的指示效应。因此,本研究以 2014 年 4—10 月为例,分别对前 10 天平均、当天、后 10 天平均 CWSI 指数与土壤相对干旱值进行了分析。山西省 2014 年气象观测站的表层土壤相对湿度值测量为逢"8"(每月 8、18、28 日)进行,4—10 月共有 19 个时段,将时段内气象观测站的表层土壤相对湿度值转换成相对干旱值,从北至南选择了 8 个气象站进行分析,分别是大同、偏关、平定、方山、清徐、潞城、长治、晋城。

表 6.4 为上述 8 个站点的 CWSI 前 10 天平均、当前、后 10 天平均值和实测相对干旱值统计分析结果,分别从与实测数据相关系数、相对误差做了分析。从表中可以看出前 10 天平均、当天、后 10 天平均 CWSI 值和实测相对干旱值均具有较高的相关性。但是相对来说,前 10 天平均、当天 CWSI 值和实测相对干旱值的相关性接近,均比较高;而后 10 天平均 CWSI 值和实测相对干旱值的相关性相对前两者较低。8 个站的相对误差表现出了相同的趋势,前 10 天平均、当天 CWSI 值和实测相对干旱值的相对误差较小;而后 10 天平均 CWSI 值和实测相对干旱值的相对误差相对前两者较大,说明基于前 10 天平均和当天 CWSI 值反演土壤相对干旱状况具有较好的效果。

表 6.4　CWSI 和实测相对干旱值统计分析结果

站点	前 10 天平均与实测		当天与实测		后 10 天平均与实测	
	相关系数	相对误差(%)	相关系数	相对误差(%)	相关系数	相对误差(%)
大同市	0.774562	0.189123	0.724777	0.203761	0.287046	0.183415
偏关	0.710747	0.177794	0.68853	0.181556	0.691542	0.118275
平定	0.745316	0.07662	0.66628	0.086745	0.647972	0.107939
方山	0.824164	0.075983	0.788181	0.08256	0.576862	0.159299
清徐	0.7758	0.075282	0.781796	0.080404	0.569237	0.160331
潞城	0.740811	0.083527	0.765489	0.09136	0.559059	0.151906
长治	0.760265	0.101387	0.849437	0.100856	0.729061	0.124634
晋城	0.836968	0.04884	0.722816	0.055335	0.687977	0.149672

图 6.7 为前 10 天平均、当天 CWSI 值和实测相对干旱值在 2014 年 4—10 月中 19 个时段内变化曲线图。从图中可以看出:8 个气象站 CWSI 干旱指数和实测相对干旱值在研究时段内变化趋势相一致,8 个站点 4—10 月的时间变化趋势均表现为前期旱,后期旱情降低,除晋城外,其他站点均表现为反演值小于实测值。从图中可以看出,前 10 天平均 CWSI 值降低了 CWSI 的波动性,其与实测相对干旱值更加接近,说明前 10 天蒸散对当前干旱状况具有较大的影响。

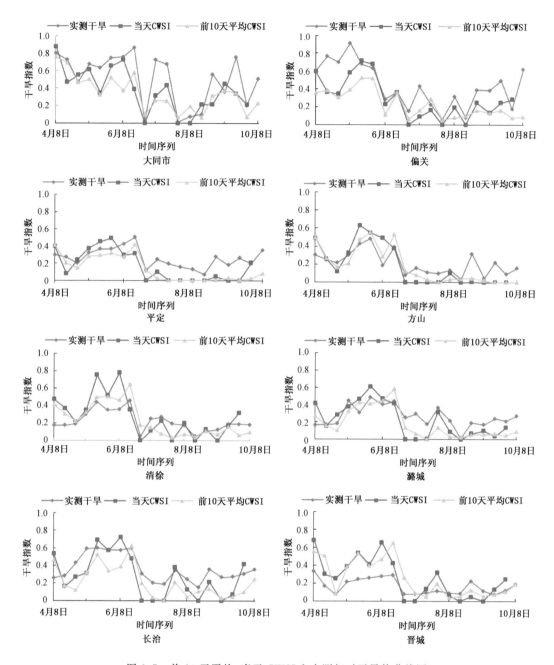

图 6.7　前 10 天平均、当天 CWSI 和实测相对干旱值曲线图

6.6　小结

本章对比分析了 CWSI、VSWI、TVDI 反演的干旱监测结果与实测土壤干旱值,从随机抽取的 6 个站可以看出:VSWI、TVDI 值和实测相对干旱值无明显的相关性,CWSI 值和实测相对干旱值具有很高的相关性,相对误差表现出了相同的趋势,从 VSWI、TVDI、CWSI 和实测

相对干旱值绘制成的折线图可以看出,实测和 CWSI 的变化趋势接近,波动范围较小,而 TVDI、VSWI 和实测的变化趋势不一致,4—6 月较为吻合,7—10 月表现出相反的趋势,说明基于 CWSI 值反演土壤相对干旱状况具有较好的效果,而基于 VSWI、TVDI 值反演土壤相对干旱状况只在春季植被不是特别旺盛时具有较好的效果,对于植被较好的夏、秋季节则效果不好。通过与同期的气象干旱综合指数(CI)对比分析发现,在精确的干旱监测中,CWSI 的精度高于 CI,但在干旱趋势监测中,CI 具有相对较高的精度。

植被对降水的响应存在滞后性,传统的以温度和植被指数为基础的干旱监测模型也相应存在滞后性,通过分析各月 CWSI 干旱指数图以及 CWSI 指数与降雨量的相关性,可以看出,CWSI 指数对降水有较强的敏感性。通过 4 个时段降雨前后的 CWSI 干旱指数图也可以看出,模型在不输入降雨量数据的情况下,CWSI 干旱指数能够反映出土壤墒情在降雨前后的变化情况,并能够很好地与降雨量相呼应,与传统的遥感干旱监测模型相比,CWSI 对土壤墒情的监测具有更高的时效性。

通过比较前 10 天平均、当天、后 10 天平均 CWSI 值和实测相对干旱值发现:前 10 天平均、当前 CWSI 值和实测相对干旱值的相关性接近,均比较高;而后 10 天平均 CWSI 值和实测相对干旱值的相关性相对前两者较低。相对误差表现出了相同的趋势,说明基于前 10 天平均和当天 CWSI 值反演土壤相对干旱状况具有较好的效果。通过前 10 天平均、当天 CWSI 值和实测相对干旱值随时间的变化曲线图可以看出:前 10 天平均 CWSI 值降低了 CWSI 的波动性,其与实测相对干旱值更加接近,说明前 10 天蒸散发量对当前干旱状况具有较大的影响,同时从曲线变化图中也反映出反演值普遍偏低于实测值。

第 7 章　作物需水灌溉量研究

7.1　研究背景

　　植物在其生长发育的过程中要消耗大量的水分来维持其生存和繁衍,而植物的生态需水量主要是植物的蒸腾作用所消耗,同时土壤蒸发也消耗大量的水分(张丽等,2002)。植被的生态需水量可以直接通过计算植被的蒸散发耗水量来确定,而一般植物的基础生理需水量只是很小的一部分(丰华丽,2002)。植被蒸散主要受气候因子、土壤水分含量以及植被种类上的差别共同影响。当某地的气候条件和植被种类一定时,其植被耗水便主要取决于土壤水分的含量。而从植被蒸散与土壤水分的关系来看,当土壤水分充足时,植被蒸散速率主要取决于植物的类型和气候因素,此时蒸散的速率与土壤水分含量无关。而当土壤含水量低于一定的值(临界土壤含水量,其值与植被和土壤质地有关),植物的气孔开始关闭,水分的蒸散速度开始降低。此时,土壤水分含量就成为植物实际蒸散的主要制约因素。因此通常将作物需水量称为农田蒸散量。常规的作物需水量计算采用 Penman-Monteith 参照作物腾发量参考作物系数法计算,农田蒸散的一般公式为:$ETc=Kc\times ET_0$。其中,ETc 为农田蒸散,也称作物需水量,P-M模型综合了辐射和感热的能量平衡和空气动力学传输方程,有着坚实的物理基础,但是这种方法监测到的结果只有点上的数据。随着遥感数据的广泛应用,这种方法一般只是作为遥感技术估算干旱区蒸散发结果的地面检验方法。

　　基于遥感的蒸散发模型目前发展了 SEBAL、SEBS、TSEB 等,其中 SEBS 被认为是当前精度较高的蒸散计算模型之一,已经在欧洲和亚洲等许多地方得到了应用。SEBS 模型的特点在于定义了表面能量平衡指数的概念,通过假设的极度干燥和湿润的边界条件来计算实际的蒸发比,并通过积分法对时间序列进行拓展。其前提是一天内气象条件均一,太阳辐射正常变化,不包括发生天气变化时的情况。而事实上,一天内的天气往往是变化无常的。因此,本研究对 SEBS 模型的时间序列拓展尺度进行了修改,将其中的积分法改为逐小时积分累加,提高了计算的精度,同时气象数据也是选用逐小时更新的数据,提高了模型监测的时效性。模型的算法采用 ENVI/IDL 编程语言实现,需要三种类型的输入数据,分别是风云二号卫星数据反演的逐小时太阳净辐射数据,风云三号卫星数据反演的地表反照率、地表温度、地表比辐射率、叶面积指数等遥感反演的参数,以及自动气象站提供的逐小时气温、地温、风速、湿度等大气参数。另外该模型中还考虑了不同情况下大气稳定度订正的不同方法,以及用植被覆盖度作为参数的热量粗糙度计算公式,使其在各种地表都能得到应用。

　　在计算植被需水量的基础上,利用水量平衡原理及 Visual Basic 软件编制了灌溉预报程序,同时建立了数据库,该灌溉预报模型中考虑到非充分灌溉条件下耗水量随土壤含水量的变化而变化的情况,并在山西省临猗农气站进行了冬小麦灌溉预报的应用验证。灌溉预报技术是农田灌溉用水动态管理的核心。它是利用土壤基本参数及易于观测的气象资料等来预测土壤水分状况的动态变化,据此确定灌水日期、灌水定额,并随作物生育期的推移,逐段实行灌溉预报,实现节水高产的目标。

7.2　模型基本原理

在近地面,在假定净辐射等于感热通量、潜热通量和地面热通量之和的情况下,任一时刻的地表能量平衡方程为:

$$R_n = G_0 + H + \lambda E \tag{7.1}$$

式中,R_n 为净辐射;G_0 为土壤热通量;λE 为潜热通量(其中 $\lambda = 2.49 \times 10^6$ 为水的汽化热,E 为水蒸散通量);H 为感热通量。(7.1)式经变换后可得:

$$\lambda E = R_n - G_0 - H \tag{7.2}$$

因此,只要分别求得了地表净辐射通量 R_n,土壤热通量 G_0 和感热通量 H,便可以计算出潜热通量 λE。

地表净辐射(R_n):地表净辐射通量是地面能量、物质输送与交换过程的原动力,是气候形成及气候变化的主要因素。因而,地表得到的净辐射是各种热量交换的基础。地表净辐射公式表达如下:

$$R_n = K\downarrow - K\uparrow + L\downarrow - L\uparrow = (1-\alpha)R_{swd} + \varepsilon(\varepsilon'\sigma T_a^4 - \sigma T_0^4) \tag{7.3}$$

式中,$K\downarrow$、$K\uparrow$ 和 $L\downarrow$、$L\uparrow$ 分别为向下、向上的短波辐射和向下、向上的长波辐射;α 为反照率;R_{swd} 为向下的太阳辐射;σ 为斯蒂芬—波尔兹曼常数;ε 为地表比辐射率;ε' 为大气比辐射率;T_a 为气温;T_0 为地表温度。

地表净辐射反演的是实际到达地面的太阳辐射量。利用上述公式得到的是瞬时地表净辐射,SEBS 模型计算日蒸散发量是通过对瞬时值进行积分得到。本研究采用 FY-2G 卫星数据反演的逐小时数据进行累加得到日地表净辐射,从而提高了辐射值的精度。

土壤热通量(G_0):土壤热通量也称为土壤的热交换量。它取决于地表特征(地面植被覆盖率)和土壤含水量等,一般可通过它与净辐射(R_n)的关系来确定,即土壤热通量可近似表示为 R_n 的函数:

$$G_0 = R_n[\Gamma_c + (1-f_c)(\Gamma_s - \Gamma_c)] \tag{7.4}$$

式中,$\Gamma_c = 0.05$,为全植被覆盖条件下土壤热通量与净辐射的比率;$\Gamma_s = 0.315$,为裸土条件下土壤热通量与净辐射的比率;f_c 为植被覆盖率。

感热通量(H):根据地表能量平衡原理,在土壤水分亏缺的干燥地表环境下,由于无可用土壤水分供给蒸发,潜热通量(或蒸发)约为零,这时感热通量达到最大值,即:

$$\lambda E_{dry} = R_n - G_0 - H_{dry} \equiv 0 \tag{7.5}$$

或者:

$$H_{dry} = R_n - G_0 \tag{7.6}$$

式中,H_{dry} 为干燥地表环境下的感热通量。而在土壤水分充分供应的湿润地表环境下,蒸发达到最大值,这时感热通量则为最小值,即:

$$\lambda E_{\text{wet}} = R_n - G_0 - H_{\text{wet}} \tag{7.7}$$

或者：

$$H_{\text{wet}} = R_n - G_0 - \lambda E_{\text{wet}} \tag{7.8}$$

式中，H_{wet}、E_{wet} 分别为湿润地表环境下的感热通量和潜热通量。相对蒸发则可表示成：

$$\Lambda_r = \frac{\lambda E}{\lambda E_{\text{wet}}} = 1 - \frac{\lambda E_{\text{wet}} - \lambda E}{\lambda E_{\text{wet}}} \tag{7.9}$$

将 (7.2)、(7.5) 和 (7.7) 式代入 (7.9) 式，则相对蒸发表示为

$$\Lambda_r = 1 - \frac{H - H_{\text{wet}}}{H_{\text{dry}} - H_{\text{wet}}} \tag{7.10}$$

根据地表能量平衡指数（SEBI-Surface Energy Balance Index）的定义，(7.10) 式右边第二项即为 SEBI。定义蒸发比 Λ 为实际蒸散与可用能量的比值，即结合 (7.9) 式与 SEBI 定义，得：

$$\Lambda = \frac{\lambda E}{(R_n - G)} = \frac{\Lambda_r \cdot \lambda E_{\text{wet}}}{(R_n - G)} (1 - \text{SEBI}) \lambda E_w = (1 - \text{SEBI}) \frac{\lambda E_{\text{wet}}}{(R_n - G)} \tag{7.11}$$

Menenti 和 Choudhury 提出了 SEBI（Surface Energy Balance Index）的概念。SEBI 主要考虑了空气动力学阻抗，依赖于大气的稳定度状态，而且 SEBI 是逐像元进行计算，不同的像元对应不同的 SEBI。其基本思想就是，在一定的太阳净辐射、区域内大气状态不变条件下，由外部阻抗归一化的地表温度直接相关于陆面实际蒸发与最大蒸发的比值。SEBI 具体定义为：

$$\text{SEBI} = \frac{\dfrac{(T_s - T_a)}{(r_e)} - \dfrac{(T_s - T_a)_w}{(r_e)_w}}{\dfrac{(T_s - T_a)_d}{(r_e)_d} - \dfrac{(T_s - T_a)_w}{(r_e)_w}} \tag{7.12}$$

式中，r_e 为整体外部阻抗（s/m）；下标 w 指极端湿润状态；d 指极端干旱状态。

获得蒸发比后，则可利用 (7.11) 式求得实际潜热通量：

$$\lambda E = \Lambda (R_n - G) = (1 - \text{SEBI}) \lambda E_w \tag{7.13}$$

遥感获取的是地表瞬时信息，由此反演的参数以及估算的辐射和相关热通量也只是代表那个瞬时的状况，从瞬时值推算 24 h 累积值是关键的一步。在地表蒸散发的时间扩展中有一种比较常用的方法：蒸发比率不变法。其基本假设是：在能量平衡中，能量通量组分的相对比例在白天稳定不变。

$$\frac{\lambda E_d}{F_d} = \frac{\lambda E}{F} = \Lambda \tag{7.14}$$

如果 F 取有效能量（$R_n - G$），就是蒸发比。由此假设可从一个或几个瞬时的蒸散发速率得到白天的总蒸散量。因此，在获得蒸发比、地表日净辐射 R_n 等参数的基础上，对上式在日时段上积分，可以得到日蒸散发量 E_{daily} 为：

$$E_{\text{daily}} = \frac{\Lambda (R_n - G)}{\lambda} \tag{7.15}$$

其中，蒸发潜热为：$\lambda = (2.501 - 0.02361 T_0) \times 10^3 (\text{MJ/m}^3)$，$T_0$ 为日平均气温（℃）。

日实际蒸散发量，即日作物需水量。

7.3　作物需水量空间变化

利用 FY3A/MERSI 数据,采用 SEBS 模型计算作物需水量。计算山西省 2013 年 3—9 月(春季、夏季、秋季)(3—9 月为山西省大部分作物的生长季,所以选取这 7 个月)逐日的作物需水量,并以月为单位合成日平均作物需水量分布图,如图 7.1。

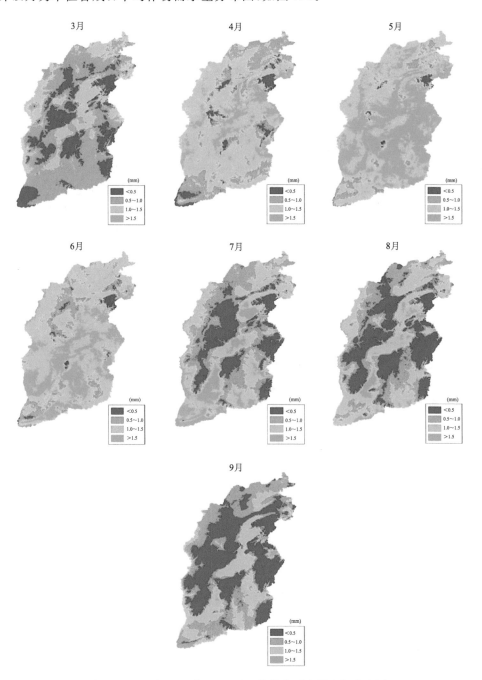

图 7.1　山西省 2013 年 3—9 月日均作物需水量空间分布图

图 7.1 为山西省 2013 年 3—9 月各月日均作物需水分布图。结果显示:3 月全省范围内日均作物需水量大部分地区小于 1 mm,地势较高区域的林地作物需水明显小于沟谷地区的耕地;4 月与 3 月相比全省作物需水量明显有所增多,大部分地区大于 1 mm。在山西省的中部地区出现作物需水量在 1.5 mm 以上的多个区域。5 月份全省作物需水量继续增多,达到峰值,全省作物需水量在大于 1.5 mm 的区域超过总面积的一半,作物需水量较大的区域主要分布在山西省中南部森林密集的地区。相较于 5 月,6 月作物需水量有所下降,但仍然保持较高的水平。从 7 月开始,作物需水量开始大幅度下降,主要表现为中部偏南的森林密集区急速转变为作物需水量较小区域,而在盆地的耕地区出现小范围的作物需水量增加,尤其是临汾、运城盆地最为显著。8 月、9 月作物需水量继续下降,耕地和林地均表现为小幅度的作物需水量减少;9 月末,山西省大部分林地的作物需水量在 0.5 mm 以下,而大部分耕地的作物需水量在 1 mm 以下。

分析 7 个月的日均作物需水量分布图可以发现,山西省 2013 年 3—9 月作物需水量表现为从 3 月开始逐渐增加,5 月达到极值;随后到 9 月一直表现为下降趋势。其中有两个变化较为剧烈的时期,一个是 3—4 月,为急速增长期;一个是 6—7 月,为急速减少期;其中,主导植被为林地;另外就是临汾、运城等耕地区域作物需水量极大值出现在 7 月。

7.4　作物需水量时间变化

7.4.1　作物需水量年内变化

作物不同发育期的需水量差别很大。一般在整个生育期中,前期小,中期达最高峰,后期又减少。从植被整个生长期各月的作物需水量(图 7.2)看,3 月植被进入缓慢生长期,植被消耗水分最少,随着气温逐渐升高,万物复苏,植被的需水逐渐增加。4 月开始植被生长进入旺盛期,需水量迅速增大;4 月到 5 月为最大增长期,增幅达到 0.611 mm;5 月达到峰值,作物需水量为 1.363 mm,占整个生长季需水量的 20.23%;然后开始下降,到 9 月降至最低。

从图 7.2 可以看出,山西省春季的作物需水量最大,而春季往往降雨量较少,这就导致春旱的发生,在作物的生殖生长时期,往往是需水临界期。如禾谷类作物的孕穗期,对缺水最为敏感,此期缺水,对生长发育极为不利,所以春旱常造成大幅度减产。

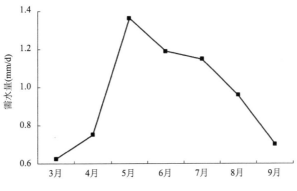

图 7.2　山西省 2013 年 3—9 月作物日需水量

7.4.2　作物需水量分区年内变化

作物需水量主要受气象因素的影响,包括气温、空气湿度、太阳辐射、日照和风速等,作物需水量因地区和时间而有明显差异。在同一气候地带,干旱和半干旱地区的需水量又大于湿润和半湿润地区的需水量。同一种作物在不同水文年份和生长发育阶段,需水量也不同。由于山西南北跨度大,气候差异较大,及土壤类型和种植结果不同,导致山西省作物需水量在空间分布上南北差异较大,通过分区可以使这些要素尽可能统一。王振华等(2008)根据多年山西降水等气象因子的分布特征,在全省范围内分三个区。谢爱红等(2004)利用 SPSS 软件统计分析了山西的气候要素,然后按照气候要素对山西进行了气候分区,分为晋北、晋中晋东南和晋西南四个类型区。综合降水分区图与气候要素分区图,在高程订正基础上,本研究将山西分为晋东南、中西部、晋东北 3 个区(图 7.3)。

将山西分为晋东南、中西部、晋东北 3 个区,分别提取各区各月的作物需水量平均值,绘制成折线图(图 7.4)。从图中可以看出:晋东北和中西部变化趋势相近,均表现为单峰型,最大作物需水月均出现在 5 月,晋东南则表现为双峰型,最大作物需水月出现在 5 月和 7 月,且以 7 月为极值,这与当地的作物类型相关,晋东南是以冬小麦为主的一年两作,5 月正值冬小麦抽穗、灌浆期,7 月则是夏玉米拔节、抽雄期,作物需水量大。所以,晋东南地区作物需水量表现为双峰型,而山西省中北部是以春玉米等大秋作物为主的一年一作,5 月大部分作物处于苗期迅速生长阶段,而此时降雨量较少,所以作物需水量最大。

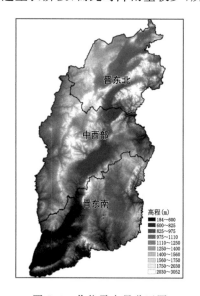

图 7.3　作物需水量分区图

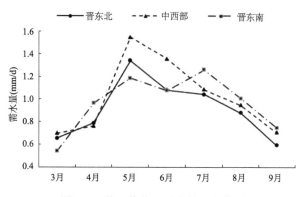

图 7.4　分区作物日需水量月变化图

表 7.1　分区作物需水量月极值表

	最大值(mm)	最小值(mm)
晋东北	1.341(5 月)	0.593(9 月)
中西部	1.549(5 月)	0.696(3 月)
晋东南	1.260(7 月)	0.539(3 月)
全省	1.363(5 月)	0.625(3 月)

从分区作物需水量月极值表(表 7.1)可以看出:晋东北和中西部最大作物需水量月均为 5月,分别为 1.341 mm 和 1.549 mm。其中,中西部的最大作物需水量相对最大,晋东北和中西部最小作物需水量月分别为 9 月和 3 月。可见气温较低导致生长季变短,晋东北的作物最早凋萎,因而作物需水量降至最低;晋东南由于耕作类型为一年两作,所以作物需水量曲线表现为双峰型,峰值分别出现在 5 月和 7 月,作物需水量分别为 1.186 mm 和 1.260 mm,最小作物需水量月为 3 月;整个区域来看,最大作物需水量月为 5 月,为 1.363 mm;最小作物需水量月为 3 月,为 0.625 mm。

7.5　实时灌溉量预报

传统用水管理是根据预先制定的灌溉制度定时定量供水。虽然灌溉制度是根据不同水文年确定的配水方案,但也不能适应瞬息万变的天气条件。因而在目前水资源紧缺,农业供水形势日益严峻,灌溉管理水平低的情况下,实现水资源的高效利用应当根据当前墒情,结合未来时段的气象预报,进行农田用水动态管理。灌溉预报技术是农田灌溉用水动态管理的核心。它是利用土壤基本参数及易于观测的气象资料等来预测土壤水分状况的动态变化,据此确定灌水日期、灌水定额,并随作物生育期的推移,逐段实行灌溉预报,控制土壤水分在有利于提高水分生产率的范围内变化,实现节水高产的目标。

7.5.1　灌溉预报模型建立

灌溉预报即根据农田土壤水量平衡原理,利用当前的土壤含水量推算下一阶段的土壤含水量进而预报灌溉时间和灌水量。土壤含水量的递推模型如下:

$$W_i = W_{i-1} + D_i + M_i + I_i + P_i - R_i - S_i - ET_{ai} \tag{7.16}$$

式中,W_i、W_{i-1} 为作物第 i、第 $i-1$ 时段计划湿润层的土壤蓄水量(mm);D_i 为第 $i-1 \sim$ 第 i 时段地下水补给量(mm);M_i 为第 $i-1 \sim$ 第 i 时段因计划湿润层增加而增加的水量(mm);I_i 为第 $i-1 \sim$ 第 i 时段灌水量(mm);P_i、R_i、S_i 分别为第 $i-1 \sim$ 第 i 时段有效降水量、径流量、渗漏量(mm);ET_{ai} 为第 $i-1 \sim i$ 时段作物实际耗水量(mm)。

模型中参数的确定方法如下。

(1)计划湿润层土壤蓄水量(W_i)

$$W_i = 10\gamma\beta_i H_i \tag{7.17}$$

式中,W_i 为计划湿润层的土壤蓄水量(mm);γ 为土壤干容重(g/cm³);H_i 为计划湿润层深度(m);β_i 为计划湿润层土壤含水率(占干土重%)。

(2)降雨量、径流量、渗漏量(P_i、R_i、S_i)

$$P_{有效1} = P_i - R_i - S_i \tag{7.18}$$

因产生径流和渗漏主要发生在雨量和雨强较大的汛期,对玉米来说,当降雨折算成有效降雨时,R_i、S_i 可取 0,折算方法为:当 $P \leqslant 5$ mm 时,$P_{有效} = 0$;当 $5 < P \leqslant 10H\gamma(\beta_{田持} - \beta)$ 时,$P_{有效} = P$;当 $P > 10H\gamma(\beta_{田持} - \beta)$ 时,$P_{有效} = 10H\gamma(\beta_{田持} - \beta)$。$\beta$ 为降雨前土壤含水率。

(3)地下水补给量(D_i)

地下水补给量大小与地下水埋深、土壤性质、作物种类及耗水强度等因素有关。其值计算非常复杂,涉及的因素众多,而且对作物的生长影响较大。在查阅了大量资料,并参考试验站测试结果及比较了多项研究成果的基础上,认为下述两种计算方法较为合适。

①一般经验公式

$$D_i = ET_{ai} \times a \qquad (7.19)$$

式中,a 为地下水补给系数,其值当地下水埋深小于 1 m 时,取 0.5;在 1~1.5 m 时,取 0.4;在 1.5~2.0 m 时,取 0.3;在 2.0~3.0 m 时,取 0.2;在 3.0~3.5 m 时,取 0.1;大于 3.5 m 以上时,取 0。ET_{ai} 为作物耗水量(mm)。

②华北旱作物地下水利用量计算公式:

$$D_i = (A - B \lg H) t_i / T \qquad (7.20)$$

式中,H 为地下水埋深(m);T 为作物生育期天数,其中小麦从拔节开始计算;t_i 为第 $i-1 \sim i$ 计算时段的天数;A、B 为经验参数,其取值如表 7.2。

表 7.2　华北平原作物对地下水利用量

土壤	冬小麦			夏玉米		
质地	A	B	H_{max}(mm)	A	B	H_{max}(mm)
轻质砂壤土	80	210	2.4	49	162	2.0
轻质黏壤土	100	209	3.0	59	192	2.0
中质黏壤土	120	199	4.0	69	173	2.5
重质黏壤土	150	249	4.0	86	180	3.0
黏土	200	332	4.0	115	211	3.5

(4)灌水量(I_i)

$$I_i = 10 \gamma H_i \beta_{田持} (1 - \varphi_{下限}) \qquad (7.21)$$

式中,$\beta_{田持}$ 为计划湿润层田间持水量(占干土重%),见表 7.3;$\varphi_{下限}$ 为灌水下限指标(占田持%),见表 7.4、表 7.5;其余符号意义同前。

表 7.3　冬小麦夏玉米不同生育阶段计划湿润层深度和土壤适宜含水率

作物	生育阶段	计划湿润层深度(cm)	土壤适宜含水率 (占田间持水率百分数)
冬小麦	幼苗期	30~40	75~80
	返青期	40~50	70~85
	拔节期	50~60	70~90
	孕穗、抽穗期	60~80	75~90
	灌浆期	70~100	75~90
	成熟期	70~100	75~80
玉米	幼苗期	30~40	60~70
	拔节期	40~50	70~80
	抽穗期	50~60	70~80
	灌浆期	60~80	80~90
	成熟期	60~80	70~90

表 7.4　冬小麦灌水下限指标

指标 ＼ 生育期	出苗—越冬	越冬—返青	返青—拔节	拔节—抽穗	抽穗—灌浆	灌浆—成熟
土壤含水率下限(%)	55～65	60～70	50～60	60～70	60～70	50～60

表 7.5　夏玉米灌水下限指标

指标 ＼ 生育期	出苗—幼苗	幼苗—拔节	拔节—抽雄	抽雄—灌浆	灌浆—成熟
土壤含水率下限(%)	60～75	50～65	65～75	70～80	65～75

(5)作物需水量(ET_{ai})

作物需水量(或作物耗水量)是农业方面最主要的水分消耗部分,包括棵间蒸发量和植株蒸腾量,是制定农田灌溉制度的重要依据。作物需水量根据本章7.2节的公式计算,预测的采用参考需水量法计算,即

$$ET_{ai} = ET_{0i} \times K_{ci} \tag{7.22}$$

式中,ET_{0i}为参照腾发量(mm);K_{ci}为作物系数。

参照腾发量(ET_{0i})计算方法如下:

Penman-Monteith 公式是1990年联合国粮农组织(FAO)向全世界推荐计算潜在耗水量的新方法,与20世纪70年代应用的 Penman 公式比较,该方法是统一标准的计算方法,无需进行地区率定和使用当地的风速函数,同时也不用改变任何参数即可适用于世界各个地区,估值精度较高且具备良好的可比性。

$$ET_{0i} = \{0.408\Delta(R_n - G) + \gamma[900/(T+273)]U_2(e_a - e_d)\}/[\Delta + \gamma(1 + 0.34U_2)] \tag{7.23}$$

式中,T 为平均日或月气温(℃);R_n 为作物冠层的净辐射量(MJ/(m²·d));U_2 为地面以上2米处的风速(m/s);e_a 为饱和水汽压(kPa);e_d 为实际水汽压(kPa);G 为土壤热通量(MJ/(m²·d));Δ 为饱和水汽压与温度曲线上在 T 处的斜率(kPa/℃);γ 为湿度计常数(kPa/℃)。

R_n 按下式计算:

$$R_n = 0.77R_s - 2.45 \times 10^{-9}(0.1 + 0.9\frac{n}{N})(0.34 - 0.14\sqrt{e_d})(T_{kx}^4 + T_{kn}^4) \tag{7.24}$$

$$R_s = [0.25 + 0.5(n/N)]R_a \tag{7.25}$$

$$R_a = 37.6d_r(\omega_s\sin\varphi\sin\delta + \cos\varphi\cos\delta\sin\omega_s) \tag{7.26}$$

$$d_r = 1 + 0.33\cos(J2\pi/365) \tag{7.27}$$

$$\delta = 0.409\sin(J2\pi/365 - 1.39) \tag{7.28}$$

$$\omega = \arccos(-\tan\varphi\tan\delta) \tag{7.29}$$

$$N = (24/\pi)\omega_s \tag{7.30}$$

式中,R_s 为实际短波辐射量(MJ/(m²·d));n 为实际日照时数(h);N 为最大天文日照时数(h);T_{kx}、T_{kn} 分别为24时段内的最大与最小绝对温度(单位 K);φ 为地理纬度(rad);δ 为太阳偏磁角(rad);ω_s 为日落时角度(rad);d_r 为日—地相对距离的倒数;J 为年内的天数。

对于 G 的计算:

$$G = 0.07(T_{m_{i+1}} - T_{m_{i-1}}) \tag{7.31}$$

式中，$T_{m_{i+1}}$、$T_{m_{i-1}}$分别为计算月下一个月和前一个月的平均气温（℃）。

Δ和γ可根据气温与海拔高度直接求得：

$$\gamma = 0.00163(P/2.45) \tag{7.32}$$

$$P = 101.3[(293 - 0.0065H_e)/293]^{5.26} \tag{7.33}$$

$$\Delta = 4098e_a/(T + 273.3)^2 \tag{7.34}$$

式中，P为在高程H处的气压（kPa）；H_e为气象站海拔高度（m）；T为平均气温（℃）。

其余几项可用下式求得：

$$e_a = [e^0(T_{\max}) + e^0(T_{\min})]/2 \tag{7.35}$$

$$e^0(T) = 0.611\exp[17.27T/(T + 273.3)] \tag{7.36}$$

$$e_d = RH/\left\{[50/e^0(T_{\min})] + [50/e^0(T_{\max})]\right\} \tag{7.37}$$

式中，$T_{\max}$、$T_{\min}$为最高、最低气温（℃）；$e^0(T)$为T温度下的水汽压（kPa）；RH为平均相对湿度（%）。

当实测风速不是 2 m 高度的风速时：

$$U_2 = 4.87U/[\ln(67.8Z - 5.42)] \tag{7.38}$$

式中，U为测量点的实测平均风速（m/s）；Z为测量风速的实际高度（m）。

作物系数是计算作物需水量的重要参数，它反映了作物本身的生物学特性、产量水平、土壤耕作条件等对作物需水量的影响。在充分灌溉条件下，不同生育阶段K_{ci}值为一常数。但对冬小麦来说，全生育期都处于干旱少雨季节，加之目前水资源严重缺乏，很难保证全生育期充分灌溉。当含水量小于土壤适宜含水量时，作物蒸腾受到抑制，K_{ci}将按非线性函数变化。K_{ci}的选取可参考已有研究成果（表 7.6）。

表 7.6　作物系数与土壤含水率的关系

作物	生育阶段	$K_{ci} = K_c$ 适用范围	K_c	$K_{ci} = K_s \times K_c$ 适用范围	K_s	R	n	F	S
冬小麦	10 月	$0.85 \leqslant X \leqslant 1$	0.898	$0.55 \leqslant X < 0.85$	$K_s = 1.1984\ln X + 1.2067$	0.743	100	120	0.173
	11 月	$0.85 \leqslant X \leqslant 1$	1.266	$0.60 \leqslant X < 0.85$	$K_s = 0.9898\ln X + 1.1707$	0.653	107	78	0.187
	12—2 月	$0.85 \leqslant X \leqslant 1$	0.932	$0.60 \leqslant X < 0.85$	$K_s = 1.2487\ln X + 1.2037$	0.698	147	137	0.156
	3 月	$0.75 \leqslant X \leqslant 1$	0.798	$0.50 \leqslant X < 0.75$	$K_s = 1.7542\ln X + 1.5062$	0.712	121	122	0.171
	4 月	$0.85 \leqslant X \leqslant 1$	1.238	$0.60 \leqslant X < 0.85$	$K_s = 0.7587\ln X + 1.1242$	0.629	123	79	0.161
	5 月	$0.80 \leqslant X \leqslant 1$	1.238	$0.60 \leqslant X < 0.80$	$K_s = 1.0996\ln X + 1.2351$	0.870	105	321	0.162
	6 月	$0.70 \leqslant X \leqslant 1$	0.956	$0.50 \leqslant X < 0.70$	$K_s = 0.8393\ln X + 1.2943$	0.757	110	145	0.195
夏玉米	播种一拔节	$0.70 \leqslant X \leqslant 1$	0.682	$0.55 \leqslant X < 0.70$	$K_s = 2.0138\ln X + 1.777$	0.785	15	20	0.199
	拔节一抽雄	$0.70 \leqslant X \leqslant 1$	1.294	$0.65 \leqslant X < 0.70$	$K_s = 1.3127\ln X + 1.5228$	0.746	15	16	0.173
	抽雄一灌浆	$0.85 \leqslant X \leqslant 1$	1.51	$0.70 \leqslant X < 0.85$	$K_s = 0.9047\ln X + 1.2001$	0.710	15	13	0.207
	灌浆一成熟	$0.75 \leqslant X \leqslant 1$	1.168	$0.65 \leqslant X < 0.75$	$K_s = 0.9469\ln X + 1.3453$	0.831	15	29	0.142

注：X为占田持百分数（以小数计）；土壤水分计算深度为 100 cm。

7.5.2　灌溉预报程序结构

　　灌溉预报程序是应用 Visual Basic 软件开发的 Microsoft Windows 应用程序,具有极强的可视性和直观性。该程序由主程序和各个子程序组成。主程序的功能是各个子程序之间的相互调用,起出入口引导作用,引导由菜单完成,根据选择进入相应子程序。子程序是该程序的核心部分,它包含了示范区基本情况子程序,降水量、耗水量、地下水补给量计算子程序,灌水时间和灌水量计算等十几个子程序。该程序采用模块化结构,符合自上而下逐步求精的设计原则,结构清晰,便于阅读和修改。程序功能的实现采用菜单选择的方式,提示明了,操作简单,便于推广应用。其预报程序流程见图 7.5。

7.6　小结

　　本章介绍了基于遥感数据作物需水量计算的原理、定义及公式,在 SEBS 模型的基础上,根据山西省的地形地貌和地表覆盖特征进行模型参数改进,对研究区域内的作物需水量进行了估算,并建立了灌溉量预报模型。

　　分析 7 个月的作物需水量分布图可以发现,山西省 2013 年 3—9 月作物需水量表现为从 3 月开始逐渐增加,到 5 月份达到极值,然后到 9 月一直表现为下降趋势;其中有两个变化较为剧烈的时期,一个是 3—4 月,为急速增长期,一个是 6—7 月,为急速减少期,主导植被为林地;临汾、运城盆地作物需水量极大值出现在 7 月。

　　将山西分为晋东南、中西部、晋东北 3 个区分别提取各区各月的作物需水量平均值,可以发现:晋东北和中西部变化趋势相近,均表现为单峰型,最大作物需水月均出现在 5 月,晋东南则表现为双峰型,最大作物需水月出现在 5 月和 7 月,且以 7 月为极值,这与当地的作物类型相关,晋东南是以冬小麦为主的一年两作,5 月正值冬小麦抽穗、灌浆期,7 月则是夏玉米拔节、抽雄期,作物需水量大,所以晋东南地区作物需水量表现为双峰型,而山西省中北部是以春玉米等大秋作物为主的一年一作,5 月大部分作物处于苗期迅速生长阶段,而此时降雨量较少,所以作物需水量最大。

　　根据当前墒情,结合未来时段的气象预报,利用水量平衡原理进行农田用水动态管理,基于 Visual Basic 软件编制了灌溉预报程序,并在运城市临猗县进行了灌溉预报的应用验证,结果精度较高,对灌区水资源合理配水和作物适时适量灌溉发挥了重要作用,实现节水高产的目标。

　　该灌溉预报模型中考虑到非充分灌溉条件下耗水量随土壤含水量的变化而变化的情况,使灌溉预报模型更为准确,提高了预报精度。但是水量平衡原理中所用参数较多,这些参数的取得需通过大量田间和室内试验。采取由试验总结出的经验公式进行计算有一定地区局限性,这些参数误差将直接影响到预报的准确度,还有待于进一步试验研究。

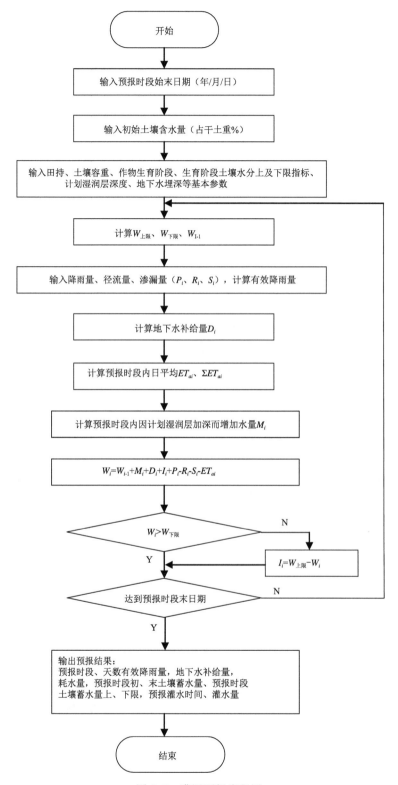

图 7.5　灌溉预报流程图

第 8 章　干旱预测预警

8.1　研究背景

引起土壤水分变化的因子很多，它不仅与降水、蒸发、日照时数、风速等等气象因子有关，还与土壤类型、土壤质地、土壤的前期储水量、作物类型、作物所处发育期、土壤持水特性等等多种因素有关。探讨一种客观、实时、准确的土壤水分（土壤墒情）预测方法不仅为合理灌溉提供定量科学依据，对积极采取主动防旱、抗旱措施具有重要意义，而且对节约水资源、改善生态环境并建设节水型农业等具有积极推动作用。

土壤墒情的变化在不考虑灌溉条件下，主要是由温、风、湿、降雨等气象要素的变化引起的。由于现在气象业务部门可以做到未来一周到一旬的重要气象要素预报，即以每逢 3 日（逢 8 日）为模拟初始日期，根据该初始日期到下一逢 3 日（逢 8 日）时段内的气象条件和初始日的土壤相对湿度来模拟 10 天后农田土壤相对湿度。因此通过气象要素的预报来预测土壤水分的变化就变得可能。

土壤水分预测方法通常分为两大类：一类是利用气象站点的预报方法，另一类是基于遥感的预报方法。由于基于气象站点的预报采用的土壤墒情监测数据和气象要素预报数据均为气象站点数据，而我们实际关心的是整个区域面上的数据，考虑到利用单站数据插值成的面状数据是在假设下垫面均一、不变的情况下得到的，实际情况的下垫面不可能均一，尤其对于山西来说，山地和盆地交错分布，下垫面复杂、多变，这样基于气象站点数据的土壤墒情预报在山西省面上的结果具有较大的不确定性。单纯基于遥感的预测模型虽然考虑到了下垫面的不同情况，但是其精度又往往无法满足业务工作的需求。因此本研究利用气象站实时监测数据结合遥感数据进行综合预测。首先，依据气象站实测数据建立土壤墒情预报模型，然后，利用遥感数据转化得到的初始土壤湿度结合山西省气象台未来气象要素预报插值生成的面状数据，预测未来 10 天每一天农田水分的盈亏状况，从而开展土壤墒情等级预报服务。其间引入 RS 和 GIS 技术，获取当前地表植被覆盖类型、反照率、植被覆盖度、叶面积指数、土壤质地、土壤水分特性（田间持水量、容重、凋萎湿度）在空间上的分布，进而得到高空间精度的初始土壤湿度。基于气象站数据的土壤墒情预报模型具有较高的时间精度，结合这两者进行土壤水分预测，实现点预报向面预报的扩展，从而实现山西省空间范围的土壤墒情可视化预报。

8.2 墒情预报模型

土壤墒情与降雨(灌溉)、气温、饱和差等有着密切的关系。气温从一定程度上反映了地表接受太阳辐射的状况,气温越高,接受的太阳辐射越多,地表蒸腾都将增加。所以,土壤含水率与气温负相关。根据水汽扩散理论,土壤含水量与风速成负相关。时段末土壤含水量与时段初含水量、时段累积降雨量(灌溉量)、日平均气温、蒸发量具有较好的多元线性关系(粟容前,2005;陆圣女,2008),即:

$$\theta_t = a\theta_0 + bP + cT + dW + e \tag{8.1}$$

式中,θ_0 为时段初土壤含水率(%);P 为时段内累计降溉量(mm);T 为时段内日平均气温(℃);W 为时段内风速(mm);a、b、c、d、e 为经验系数。

8.2.1 模型建立

在经验模型各参数中,土壤含水率、降雨量、日平均气温和蒸发量通过实验及观测得到。取山西省 2011 年、2012 年、2013 年、2014 年(4—11 月)具有降雨、灌溉资料的墒情点 0~50 cm 土层深度建立经验模型。气象资料取同期同地区。由于地下水补给量少,分析中舍去了无降雨及灌溉时土壤含水率明显增加的数据及存在明显测量误差的数据,应用 SPSS 统计软件分别对气温等因子建立的经验模型进行多元线性回归,根据实测值计算模型中各参数,见表 8.1~表 8.4。

$$\theta = 土壤相对湿度 \times 土壤容重 \times 田间持水量 / 100 \tag{8.2}$$

表 8.1 0~10 cm 土壤水分模型

	模型参数	相关系数	F 检验	显著水平 P	标准误差
黏土	参数值	0.703	6.36	<0.01	3.35
黏土	预报公式	$\theta = 0.416\theta_0 + 0.762P - 0.186T - 2.534W + 18.958$			
壤土	参数值	0.805	12.49	<0.01	2.56
壤土	预报公式	$\theta = 0.739\theta_0 + 0.553P - 0.135T - 1.403W + 8.779$			
砂土	参数值	0.898	28.053	<0.01	2.363
砂土	预报公式	$\theta = 0.769\theta_0 + 0.854P - 0.184T - 1.652W + 8.155$			

表 8.2 10~20 cm 土壤水分模型

	模型参数	相关系数	F 检验	显著水平 P	标准误差
黏土	参数值	0.801	10.710	<0.01	1.496
黏土	预报公式	$\theta = 0.294\theta_0 + 0.580P - 0.099T - 1.665W + 19.988$			
壤土	参数值	0.857	17.98	<0.01	1.468
壤土	预报公式	$\theta = 0.785\theta_0 + 0.803P - 0.122T + 0.043W + 4.796$			
砂土	参数值	0.681	4.963	<0.01	1.589
砂土	预报公式	$\theta = 0.293\theta_0 + 1.073P - 0.153T - 0.073W + 11.112$			

表 8.3　20～30 cm 土壤水分模型

	模型参数	相关系数	F 检验	显著水平 P	标准误差
黏土	参数值	0.751	7.78	<0.01	1.853
	预报公式	$\theta=0.382\theta_0+0.282P-0.037T-2.652W+20.082$			
壤土	参数值	0.916	35.02	<0.01	1.227
	预报公式	$\theta=0.698\theta_0+0.888P-0.136T-0.235W+7.314$			
砂土	参数值	0.800	9.793	<0.01	1.129
	预报公式	$\theta=0.334\theta_0+0.916P-0.184T+0.549W+11.935$			

表 8.4　30～40 cm 土壤水分模型

	模型参数	相关系数	F 检验	显著水平 P	标准误差
黏土	参数值	0.900	25.643	<0.01	1.321
	预报公式	$\theta=0.561\theta_0+0.778P-0.162T-0.839W+13.049$			
壤土	参数值	0.917	34.77	<0.01	1.163
	预报公式	$\theta=0.740\theta_0+0.417P-0.132T-1.049W+8.951$			
砂土	参数值	0.619	3.568	<0.05	0.98
	预报公式	$\theta=0.171\theta_0+0.005P-0.068T-0.690W+13.977$			

表 8.5　40～50 cm 土壤水分模型

	模型参数	相关系数	F 检验	显著水平 P	标准误差
黏土	参数值	0.721	6.495	<0.01	1.632
	预报公式	$\theta=0.563\theta_0+0.034P-0.030T-1.481W+13.264$			
壤土	参数值	0.858	18.851	<0.01	1.517
	预报公式	$\theta=0.830\theta_0+0.679P-0.112T+0.0714W+4.01$			
砂土	参数值	0.694	5.105	<0.01	1.365
	预报公式	$\theta=0.247\theta_0+0.799P-0.131T-0.712W+14.025$			

8.3　模型参数计算

　　上述预测模型中所需的输入参数主要有两类,一类是基于蒸散模型得到的初始土壤含水率,为栅格数据;另一类是基于台站的累积降水量、平均气温、平均风速等,为矢量数据。

　　初始土壤含水率 θ_0,常规的作法是通过对台站数据空间插值的方法来获取,这样得到的土壤相对湿度空间分布存在着较大的异质性和不连续性,误差较大。本研究利用第 5 章介绍的蒸散模型,结合遥感数据和气象参数反演得到初始土壤相对湿度。土壤相对湿度 W_r(土壤水分占田间持水量%)或土壤含水率 W(土壤水分占干土重%)能减少不同地区土质的差异,而在土壤水分预测模型中,水分单位均以毫米(mm)表示,因此在实际应用时,需进行单位换算。

　　土壤含水率 W 与土壤相对湿度 W_r 之间的换算:

$$W = FFC \times W_r$$

(8.3)

式中,FFC 为田间持水量。

将土壤水分换算为水层厚度以毫米(mm)记:

$$\theta_0 = 10 \times h \times d \times W/100 \tag{8.4}$$

式中,θ_0 为水层厚度(mm);h 为土层厚度(cm);d 为土壤容重(g/cm³),因此在计算初始土壤含水量 θ_0 时,需要田间持水量、土壤容重等基本土壤特征参数,而这与土壤类型、土壤质地密切相关。在农业气象观测业务中,进行土壤湿度观测前均需要测定这些参数。

另外,还常用体积含水量 W_v 来表示土壤水分,即:土壤中水分所占的体积与土壤体积之比。土壤体积含水量的计算方法如下:

$$W_v = d \times W/\rho_w \tag{8.5}$$

式中,ρ_w 为水的密度(1 g/cm³)。

初始土壤含水量是基于蒸散模型得到的 250 m 像元大小的栅格数据。除此之外,模型输入参数还有时段内的累积降水量 P、平均气温 T、平均风速 W,这些因子均可由中、短期预报中获取,并以台站点的形式存储。此外,在初始土壤含水量计算时涉及的田间持水量、土壤容重、土壤类型等基本土壤特征参数也是以台站的形式存储。由于栅格数据在空间分布上具有较高的精度,为此,需要将以台站存储的累积降水量 P、平均气温 T、平均风速 W、田间持水量、土壤容重、土壤类型等数据通过空间插值的方法得到与初始土壤含水量相同格式的空间分布图,进而代入模型计算。

8.4　结果分析及验证

本研究以 2015 年 4—10 月为例进行土壤水分预测,以每月 8 日为初始计算日,预测 18 日土壤水分,并与气象站实测结果进行对比验证。根据农田土壤水分预报模型,预测的结果是不同植被类型不同深度的总含水量(mm),结合田间持水量,可转化为该土层深度的平均相对湿度(%)后,即可进行农业干旱预报。在这里采用国家级农业气象服务中使用的土壤相对湿度干旱指标作为农业干旱的指标,确定农业干旱的发生与否及其发生程度,即:当 50%≤W_r<60%时为轻旱;当 40%≤W_r<50%时为中旱;当 30%≤W_r<40%时为重旱;当 W_r<30%时为特旱。针对山西地区农田极少有渍、涝发生,定义当 W_r≥60%时均为适宜。分表层和深层两个层次进行,表层是 0~20 cm,深层是 30~50 cm。

山西省农业干旱主要发生在春秋季节,降水少、温度高、风速大、失墒快极易造成旱情发生。应用上述预报方法,在 2015 年 4—10 月期间,对山西省土壤墒情进行了等级趋势预测,预测结果见图 8.1。从图 8.1 中可以看出,4 月的表层旱情发生比较严重,5 月旱情加重,尤其是在山西省南部的运城、北部的朔州出现了大面积的重旱,6 月旱情有所缓减,从 7 月开始,旱情逐渐降低,此后一直保持较好的墒情,深层的土壤墒情则变化幅度较表层较小。其中,4 月和 5 月相对来说旱情较重,其他月份旱情较轻。对比同期的实测结果可以看出,预测结果和实测结果具有较高的一致性,表层旱情在 4—6 月较重,其余月份相对较轻,深层旱情最重月也发生在 4—6 月,说明预测结果受表层旱情的变化影响较大,且在城镇用地易出现旱情高估而在林地易出现旱情低估的现象。总体来说,干旱监测和预报主要是针对农田,本研究的方法在农田干旱等级预报中仍具有实际意义。

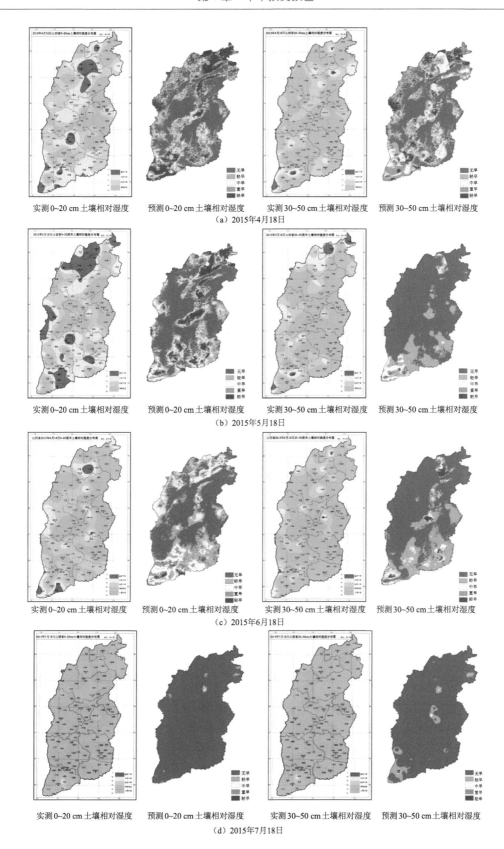

实测 0~20 cm 土壤相对湿度　　预测 0~20 cm 土壤相对湿度　　实测 30~50 cm 土壤相对湿度　　预测 30~50 cm 土壤相对湿度

（a）2015年4月18日

实测 0~20 cm 土壤相对湿度　　预测 0~20 cm 土壤相对湿度　　实测 30~50 cm 土壤相对湿度　　预测 30~50 cm 土壤相对湿度

（b）2015年5月18日

实测 0~20 cm 土壤相对湿度　　预测 0~20 cm 土壤相对湿度　　实测 30~50 cm 土壤相对湿度　　预测 30~50 cm 土壤相对湿度

（c）2015年6月18日

实测 0~20 cm 土壤相对湿度　　预测 0~20 cm 土壤相对湿度　　实测 30~50 cm 土壤相对湿度　　预测 30~50 cm 土壤相对湿度

（d）2015年7月18日

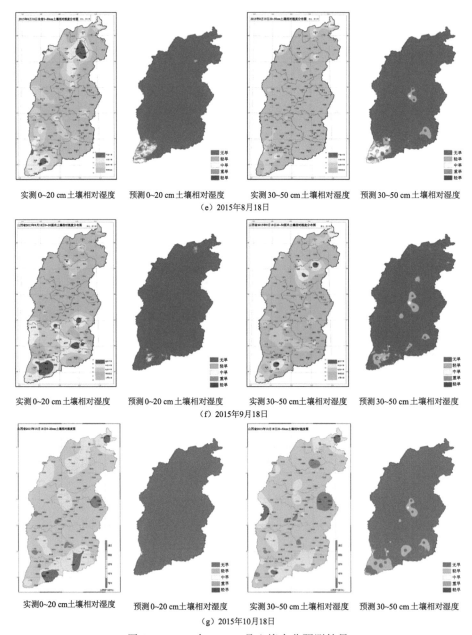

实测 0~20 cm 土壤相对湿度　　预测 0~20 cm 土壤相对湿度　　实测 30~50 cm 土壤相对湿度　　预测 30~50 cm 土壤相对湿度

（e）2015年8月18日

实测 0~20 cm 土壤相对湿度　　预测 0~20 cm 土壤相对湿度　　实测 30~50 cm 土壤相对湿度　　预测 30~50 cm 土壤相对湿度

（f）2015年9月18日

实测0~20 cm土壤相对湿度　　预测 0~20 cm土壤相对湿度　　实测 30~50 cm土壤相对湿度　　预测 30~50 cm 土壤相对湿度

（g）2015年10月18日

图 8.1　2015 年 4—10 月土壤水分预测结果

以山西省气候中心发布的 2015 年逐旬土壤水分监测公报总体描述为准,对山西省 2015 年 4—10 月中旬浅层和深层的农业干旱趋势预报总体结论进行定性验证,验证结果如下:

预报结果和实测数据的描述相差小于 20% 的情况认为是大致匹配。分析表 8.6 可以看出,各等级大致匹配正确的预报准确率为:$12/14 \times 100\% \approx 85.7\%$,验证结果表明农业干旱趋势预报基本上能满足服务需求。分析预报产生误差的原因是:(1)预报模型本身存在着一定的误差;(2)验证数据为台站实测的点数据,点上精度较高,由点简单插成的面上精度则较低,这应该是误差产生的主要原因,不能反映空间较小范围内(最小 250 m×250 m)的预测结果;(3)由于预报模型受 NDVI 的影响,在城镇用地易出现旱情高估、林地旱情低估的现象。

表 8.6 2015 年 4—10 月农业干旱趋势预报结果验证

日期(月.日)	层次(cm)	实测描述	预报结论	判定
4.18	0~20	大部分干旱,部分中到重旱	大部分干旱,部分中到重旱	√
	30~50	适宜为主,部分轻到中旱	大部分干旱,部分轻到中旱、重旱	×
5.18	0~20	大部分干旱,南部、北部重旱	大部分干旱	√
	30~50	适宜为主,南部、北部轻到中旱	适宜为主,南部轻到中旱	√
6.18	0~20	轻旱为主,部分轻到中旱	轻旱为主,部分轻到中旱	√
	30~50	轻旱为主,部分轻旱	轻旱为主,部分轻到中旱	√
7.18	0~20	适宜为主,部分过湿	全省墒情适宜	√
	30~50	适宜为主,部分过湿	适宜为主,小部分轻旱	√
8.18	0~20	适宜为主,东北重旱,西南轻旱	适宜为主,西南角轻旱	√
	30~50	适宜为主,西南角轻旱	适宜为主,西南角轻旱	√
9.18	0~20	适宜为主,局部轻到中旱	全省墒情适宜	√
	30~50	北部适宜,东北、西南轻到中旱	适宜为主,小部分轻旱	×
10.18	0~20	适宜为主,局部轻到中旱	适宜	√
	30~50	适宜为主,局部轻到中旱	适宜为主,部分轻旱	√

8.5 干旱预警

有了干旱预测结果以后,可以对旱情进行预警,区域农业干旱的预警以区域农业干旱强度指数为指标,对区域农业干旱强度进行评估。

根据《农业干旱监测预警评估业务规定》,在上一章干旱监测预报指标的基础上,确定各站点或格点农业干旱强度,在确定单点干旱等级的基础上,根据各点不同干旱等级的比例,以县域为单元,从总体上评定山西省各县区的农业干旱强度。评估方法见式(8.6):

$$R = \sum_{i=1}^{n} Ri = \sum_{i=1}^{n} a_i \frac{A_i}{A} \times 100\% (i = 1,2,3,4) \qquad (8.6)$$

式中,R 为某干旱时段的区域综合农业干旱强度指数;A 为该区域的总播种面积;A_1、A_2、A_3、A_4 分别为出现轻旱、中旱、重旱和特旱的作物面积;根据指标格点化分析结果确定;a_1、a_2、a_3、a_4 为轻旱、中旱、重旱、特旱等级的权重系数,分别为 $a_1 = 5$、$a_2 = 15$、$a_3 = 30$、$a_4 = 50$(该系数为业务工作总结经验系数)。

区域性农业干旱指数的等级划分如表 8.7。

表 8.7 区域性农业干旱等级

等级	类型	区域性农业干旱(%)
1	无旱	$R_i \leq 2$
2	轻旱	$2 < R_i \leq 10$
3	中旱	$10 < R_i \leq 20$
4	重旱	$20 < R_i \leq 30$
5	特旱	$R_i > 30$

根据《山西省气象台气象灾害预警标准和发布办法》,本研究将干旱预警设为 5 个级别,分别以绿、黄、橙、红、深红五种颜色对应表 8.7 中的 1 至 5 级。

根据以上方法,本研究用 2016 年 10 月 9 日的监测数据模拟预警 2016 年 10 月 16 日的旱情状况,如图 8.2(由于预警的初始日期为历史时期,而短期天气预报数据则只有相对于实验当天的未来几天的预报数据,所以这两个数据不是相对应的,所以只能说是模拟预警)。

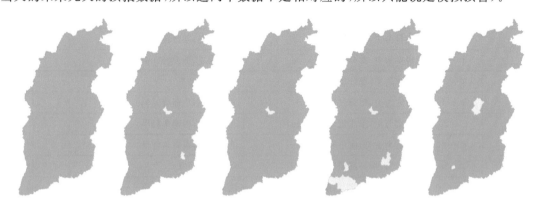

图 8.2　2016 年 10 月 16 日 10~50 cm 模拟预警结果

8.6　小结

本章将遥感数据应用于基于气象站实测数据的预测模型进行综合土壤墒情预测,结果显示,在山西省的墒情定性预报中效果较好。基于气象站实测数据的预测模型具有较高的时间精度,而遥感数据具有较高的空间精度,二者的结合有效地提高了预报结果在时间和空间上的精度,弥补了常规预测模型在空间上的不足。同时,本研究在点向面转换的插值过程中,充分考虑到山西省特殊的地形、地貌,而不是简单地根据距离进行插值,使得插值结果更适合于山西这种复杂、多变的下垫面类型。通过预报结果和实测数据的匹配验证,结果表明,农业干旱趋势预报基本上能满足服务需求,对于农业气象干旱预报服务和合理灌溉管理具有一定的指导意义。

开展土壤墒情预报,预测未来旱情发展变化,对于指导农业抗旱减灾具有重要意义。本研究在已有土壤墒情预报方法基础上,提出了一种新的土壤墒情预报方法,即将遥感数据与未来一段时间里的气象要素预报因子相结合来预测土壤水分变化,实现了真正意义上的土壤墒情预报,并引入 RS 和 GIS 技术,实现了山西省空间范围内的土壤墒情预报,在农业气象预报业务方面具有实际意义。但由于土壤墒情预报是一个复杂的土壤—植物—大气系统过程预报,不确定因素很多,包括:(1)气象要素预报的不确定性,尤其是降水量预报的不确定性;(2)参考作物蒸散的不确定性;(3)作物系数(包括水分胁迫系数)的不确定性;(4)农田地表参数如反照率、覆盖度、作物类别的遥感计算或反演不确定性;(5)墒情可视化预报技术,包括插值、空间尺度大小等的不确定性,因此,本研究提出了一个新的墒情预报思路和方法。墒情预报在现阶段虽然取得了一些成果,但是还存在很大的提高空间,今后仍需要对模型进行不断的改进、完善,结合 RS 和 GIS 技术,使墒情预报结果更符合客观实际,更便于向业务化方向发展。

第 9 章　业务产品开发与应用

9.1　业务系统设计思路

在研究课题"基于风云三号卫星农业干旱遥感监测与预报技术研究"的基础上，课题组开发了"农业干旱综合监测预警系统"。它是一个适用于山西省农业旱情监测、预警和评估的系统，是利用长序列气象观测资料以及风云卫星数据，基于 GIS 技术和统计模型、遥感模型、数值模型实现多种方式旱情监测、预警和评估的模型。

具体设计思路如图 9.1 所示。首先，收集近年山西省 109 个气象站点地理坐标和风云三号、风云二号卫星遥感影像数据等资料；其次，基于遥感模型和数值模型干旱监测原理，获取山西省区域内作物水分胁迫指数、实际蒸散、潜在蒸散、降水指数、温度、植被干旱指数以及植被供水指数等参数，实现山西省境内旱情监测；最后，基于天气预报模式和土壤水分经验预报模型进行未来旱情预测、预警。各参数每日结果或者多天均值以台站结果和图像两种方式生成并保存。

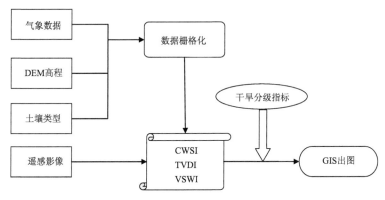

图 9.1　系统设计思路图

本系统采用一种创建交互式网页应用的 AJAX 网页开发技术，采用 C♯语言来编程，使用 Asp. Net 作为开发控件，结合 SQL2005 数据库技术和 IDL 交互式语言软件，进行系统平台构建。

9.2　框架结构

本系统按照软件工程设计规范，以 GIS 和数据库管理为基础，在充分发挥 GIS 技术优势的同时,优化系统输入输出界面,进而实现系统内不同关键技术的动态耦合与高效集成。整个系统采用三层 B/S 结构模式(张宏森等,2002),包括客户层、服务层和数据层。其中,数据层负责数据存储,是获取系统所需原始数据的操作层,是为数据的操作,为业务逻辑层或表示层提供数据服务的基础。网格数据存储在 NetCDF 文件服务器,GIS 空间地理数据存储在地理数据服务器,原始气象和遥感数据存储在 SQL2005 数据库服务器。服务层是核心部分,主要是针对数据访问层具体问题的操作,对数据业务逻辑处理。表示层主要是对用户请求的接受以及数据的返回,为客户端提供应用程序的访问。基本的处理流程是:通过 Web 服务接受服务请求;解析服务请求;根据数据访问请求的类型调用接口组件获取数据;再将数据压缩后返回给客户端。服务层采用微软 .NET 技术(吕建民等,2012),基于 .NET Framework3.5 实现。NetCDF 文件访问目前没有 .NET 类库,采用 NetCDF 4.0 的 C 语言动态链接库,经 C♯包装后使用,SQL2005 数据库访问有微软提供的 ADO.NET 库,GIS 接口采用 aspmap 类库。客户层和服务层之间通过 ADO(ActiveX Data Objects)实现。网络服务采用微软的 IIS,主要实现表示层与业务逻辑层之间的信息传递。客户层要接受用户交互,调用 Web 服务发送数据请求,并将接受的数据呈现或处理。客户端可以采用任何能够调用 Web 服务的技术实现,在本研究中实现了桌面客户端、基于 AJAX 的 Web 客户端、采用 .NET Compact Framework 的移动设备客户端。

　　本系统的框架结构如图 9.2 所示。第一步,数据管理。利用 SQL2005 数据库实现了对基础气象数据、遥感数据及地理信息数据的存储、添加、更新、删除及查询等,三类数据间通过字段 SmID 关联。空间数据主要包括描述空间实体的空间信息及其相关属性数据,如边界、区域、点等。属性数据是指与空间位置没有直接关系、代表实体特定含义的数据,它主要包括系统运行所需的气象数据、农作物生长发育数据、土壤类型数据及遥感影像数据。第二步,数据

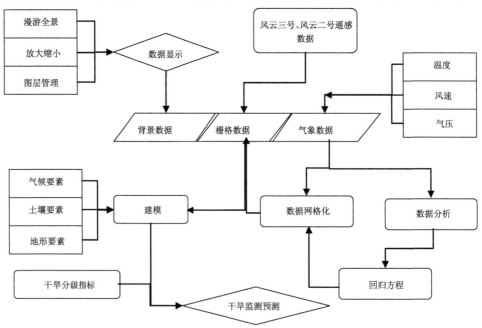

图 9.2　系统的程序框架

建模。利用小网格推算算法将离散数据平均覆盖到区域空间上,即将气象数据与经纬度、海拔建立关系,对它们进行插值,结合风云三号、风云二号气象卫星数据,分别基于 CWSI、TVDI、VSWI 三种模型进行干旱监测和预测。第三步,干旱分级。根据建立的干旱分级指标,对多种干旱结果分为特旱、重旱、中旱、轻旱和正常五个等级,并按照相应的比例上色,得到结果图。

　　总之,该系统以 Windows Server 2008 为平台,Visual Studio 2005 为开发环境,依托 asp-map 的地图空间分析服务,利用 GIS 集成软件,建立模型系统。采用 ASP.NET 开发系统,通过 ActiveX 数据对象、数据访问对象与属性数据库、空间数据库集成,通过调用动态链接库(Dynamic Linkable Library,DLL)的方式实现 GIS(王杰等,2012)与应用模型之间的数据通信与传递,并且构成统一的无缝界面。在软件开发方法论的指导下有效集成了知识模型组件、生长模型组件和 WebGIS 等技术(卓静等,2008),开发出了基于 B/S 结构的 GIS 应用系统。该系统对多种气象卫星数据和农业气象站数据实行集中管理,并且具有空间或属性数据输入、模型内部调用、模型连接和组合、模型结果显示、决策信息图表输出和专题图制作等多项功能。系统通过浏览器,以菜单、工具条、图标、图形、表格等方式与用户进行交互,操作简单、人机界面友好。

9.3　系统运行环境

　　系统运行环境包括硬件环境和软件环境两个方面。

9.3.1　系统硬件环境

　　所需的最低硬件环境为:企业级专用服务器,双核处理器,主频在 2.2GHZ 以上,1G 内存,独显(512M),120G 硬盘。

9.3.2　系统软件环境

　　所需的基本软件环境为:

　　(1)数据存储部分:sqlserver2008 企业版;

　　(2)地图服务处理发布部分:DeepEarth;

　　(3)Web 程序部分:.net4.0 类库＋IIS6.0 服务器＋Silverlight4.0 运行时＋Silverlight4.0 扩展包＋Microsoftajaxlibrary;

　　(4)操作系统:WindowsServer 2003 Enterprise Editionserverpack2;

　　(5)数据调用:IDL 交互式程序语言。

9.4　业务化运行效果

　　本系统主要由地理背景数据、系统操作台和数据显示三部分组成。

　　系统网址:http://10.56.68.190:8099/mfsadcTestPage.aspx。

9.4.1　地理背景数据

　　本系统以全球地形图、全球行政区划图和全球遥感卫星影像图作为地理背景数据,在右下角显示相应位置地理坐标。

9.4.2 系统操作台

点击"Main"按钮即可弹出系统操作台,操作台可以实现对干旱指标的实时监测,即可以获取每日的 DI(干旱指数)、ET(蒸散量)、ET0(潜在蒸散量)、P(降水指数)、TVDI(温度干旱指数)和 VSWI(植被供水指数)6 个参数值,为干旱监测提供有效依据;其结果既可以直观显示在背景图上,也可以输出保存,同时也可提取山西省 109 个气象站站点周边 6 个像元的点值(图 9.3 和图 9.4)。

图 9.3　系统操作界面

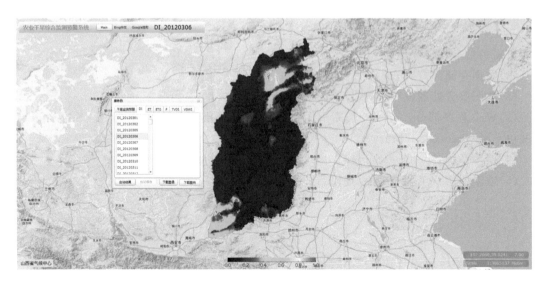

图 9.4　2012 年 3 月 5 日 TVDI 监测图

9.4.3　数据计算

系统分为干旱监测和干旱预警两部分内容。

干旱监测部分可以获取某日前若干天 CDI(干旱指数)、CTVDI(干旱指数)和 CVSWI(干旱指数)和 WaR(蒸散量)的均值计算;干旱预警可以预测未来 6 天的 FDI(干旱指数),见图 9.5。

图 9.5　干旱监测界面

9.4.4　数据导出

经系统处理分析的计算结果可以导出为台站结果和图像数据两种形式。台站结果保存山西省 109 个气象观测站的某些参数值及以该站点为中心像元的周围像元值,输出结果为每个站点对应 9 个值,输出格式为“.csv”;图像数据直观显示山西省旱情空间分布状况,并且可以下载对应图例,输出格式为“.png”。

9.4.5　数据显示

数据计算结果以新的图层叠加到地理背景图上。数据显示的基本功能主要包括漫游、放大、缩小,可以锁定放大区域。

9.5　业务产品

将该方法应用于遥感墒情监测业务工作中,为便于比较,选用每月 18 日数据生成的结果,制作成干旱监测旬报和作物需水量旬报,如图 9.6、图 9.7 所示。

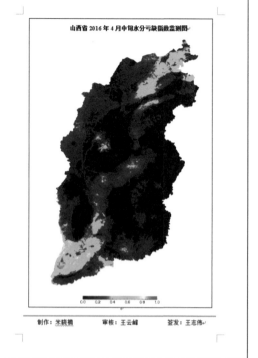

农业干旱监测公报

2016 第6期

山西省气候中心   2016年4月21日

山西省2016年4月中旬农业干旱监测

从4月中旬作物水分亏缺指数监测图可以看出：运城盆地、临汾盆地、朔州和大同出现中至重度干旱，其他地区情况较好。

据省气象台预报：4月21日白天到夜间，全省晴天间多云；4月22日白天到夜间，全省多云，大同、朔州的局部和忻州以南的部分地区有阵雨或小雨；4月23日夜间~4月24日白天，全省多云间晴天，大同、忻州等地的局部地区有小雨或阵雨；4月24日夜间~4月25日白天，全省多云转晴天，气温明显回升；4月25日夜间~4月27日白天，全省晴天间多云。

未来一周我省以晴间多云天气为主，气温将明显回升，加速土壤水分蒸发，局部旱情可能再度露头及发展。建议南部进入春播期的地区要抓住此次降水过程的有利条件，采取保墒措施，适时播种春播作物；待播地块做好耙磨等保墒工作，保证春播顺利进行。麦区加强田间管理，趁墒追施拔节肥和穗肥，墒情较差地区要积极采取灌溉，保证冬小麦正常拔节抽穗。

附：山西省2016年4月中旬作物水分亏缺指数监测图

制作：米晓楠   审核：王云峰   签发：王志伟

图9.6 农业干旱监测公报

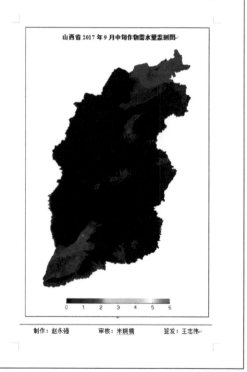

作物需水量监测公报

2017 第21期

山西省气候中心   2017年9月21日

山西省2017年9月中旬作物需水量监测

从9月中旬作物需水量监测图可以看出：运城盆地和大同盆地作物需水量主要在0.5~1.5mm，其余大部作物需水量偏低。

本旬内我省出现了一次大范围强降水过程，中南部部分地区出现连阴雨天气，此次降水过程降水量为10.9~202.9mm，中部大部出现50mm以上降水，南部大部在100mm以上，有效缓解或解除了前期旱情，中南部麦区土壤底墒得到有效补充，对麦播工作顺利开展有利，同时也对部分已成熟作物的收晒造成一定不利影响。

下一旬我省各类大秋作物将大面积进入成熟收获期，各地要抓住晴好天气积极做好收获晾晒工作。棉花要及时打老叶、拔空株，提高通风透光性，促进光合作用，对已吐絮棉花要及时采摘，保证棉絮品质。南部部分土壤过湿地区及时除湿降渍，降低田间湿度，墒情适宜地区及时整地、备播，选好良种，施足底肥，保证麦播工作顺利进行。回茬地块适时收获，秋收后及时腾茬整地，为适墒麦播做好准备。北部高寒地区要做好初霜防御工作。

附：山西省2017年9月中旬作物需水量监测图

制作：赵永强   审核：米晓楠   签发：王志伟

图9.7 作物需水量监测公报

9.6　系统优缺点

系统依托于互联网,具有查看管理制图输出等功能,一方面简化了业务工作的程序,提高了工作效率,另一方面系统实现了山西省干旱监测预警的互联网共享,面向所有的用户开放,提高了系统的实用性和利用率,有效提高了全省作物农业干旱监测精度及预警及时性。系统具有以下几个特点:

一是海量数据高效管理。随着数据量不断增加,使用传统的存储和处理办法已不能满足用户查询管理数据的需求。该系统利用 SQL2005 数据库技术,高效管理海量数据的能力,建立不同结构的属性表,科学快速地定位数据信息,为数据管理提供了便利。

二是可视化强、易操作。充分利用 IDL(陶荣华等,2012)的叠加分析和统计分析等功能可以有效地计算多个干旱指数,进行干旱监测评估。相对于传统的纯数值评价方法,基于 IDL 的适宜性评估方法将数值计算和图形处理有机地结合在一起,具有可视化强、易操作等特点,极大地提高了干旱监测、预警及评估的效率和水平。

三是干旱监测评估的动态化和实时化。该系统改进了传统干旱监测方法手工操作较多、工作量大而且不能实现动态监测的不足,采用菜单、工具条以及快捷键等可视化形式,操作方便、界面良好、使用灵活,并且可高效调用数据库资料,自动成图,监测结果随着数据库资料变化而更新,真正实现了旱情监测的动态化和实时化。

四是图形精细化。此系统包括边界数据和经纬度坐标的二维地形图,可获取每个点的相应旱情。

另外,系统也有一些缺点:如计算量过多时,系统反应会变慢等。这一步有待后续进行研究。

第 10 章　研究成果和创新点

10.1　研究成果

本研究利用 FY-3A/3B、FY-2E 气象卫星数据和气象站逐时监测数据,分别采用统计模型、遥感模型、数值模型对山西省 2013 年、2014 年 4—10 月进行干旱监测研究,结合全省农业气象台站测定的土壤湿度数据对三种模型的监测结果进行分析和验证;进一步利用数值模型干旱监测结果,结合中期、短期台站气候预测产品以及作物需水规律,并依据干旱监测统计模型,预测未来农田水分的盈亏状况,开展土壤墒情等级预报和预警服务。

主要结论如下:

(1)通过研究各站点土壤墒情变化规律可知,不同质地和深度的土壤墒情变化规律大致分为四个阶段:初春短暂增墒期、春季失墒期、雨季增墒期和秋季失墒期。土壤水分随降水增多而逐渐上升,尤其雨季,各层土壤水分随着降水的变化而迅速变化,且变幅较大。用浅层土壤反演深层土壤水分,不同质地预测精度不同,壤土预测精度最好,黏土次之,砂土较差;各时相平均相对误差均在 20% 以下;壤土预测精度可达 85% 以上;各层土壤拟合趋势较一致,其中拟合效果以壤土最佳。

(2)与传统的基于遥感的干旱监测方法(VSWI、TVDI)相比,基于蒸散发的干旱监测模型(CWSI)不仅考虑了地表的温度和植被指数等参数,同时考虑了实时的气象要素。通过与实测的土壤湿度对比检验可以看出,基于 CWSI 值反演土壤相对干旱状况具有较好的效果,而基于 VSWI、TVDI 值反演土壤相对干旱状况只在春季植被不是特别旺盛时具有较好的效果,对于植被较好的夏、秋季节则效果不好。CWSI 模型的输入数据,除遥感反演的地表参数为逐旬的多天合成数据外,地表净辐射采用的 FY-2E 气象卫星数据和自动站气象数据均为逐小时数据,提高了干旱监测的时效性和准确性。

(3)植被对降水的响应存在滞后性,导致以温度和植被指数为基础的干旱监测模型也相应存在滞后性,通过分析各月 CWSI 干旱指数图以及 CWSI 指数与降雨量的相关性,可以看出 CWSI 指数对降水有较强的敏感性,模型在不输入降雨量数据的情况下,能够反映出土壤墒情在降雨前后的变化情况,并能够很好地与降雨量相呼应;与传统的遥感干旱监测模型相比,CWSI 对土壤墒情的监测具有更高的时效性。通过比较前 10 天平均、当天、后 10 天平均 CWSI 值和实测相对干旱值发现:前 10 天平均、当天 CWSI 值和实测相对干旱值的相关性接近,相对误差较小,说明当天和前 10 天蒸散发量对当前干旱状况具有较大的影响。

(4)利用当前墒情,结合未来时段的气象预报,利用水量平衡原理进行农田用水动态管理,进行了灌溉预报,对灌区水资源合理配水和作物适时适量灌溉具有重要作用。本研究的灌溉预报模型考虑了非充分灌溉条件下耗水量随土壤含水量的变化而变化的情况,使灌溉预报模型更为准确,提高了预报精度。分析 7 个月的作物需水量分布图可以发现,山西省 2014 年 3—9 月作物需水量表现为从 3 月开始逐渐增加,到 5 月达到极值,然后到 9 月一直表现为下降趋势。其中 3—4 月为急速增长期,6—7 月为急速减速少期。将山西分为晋东南、中西部、晋东北 3 个区,分析平均作物需水量可以发现:晋东北和中西部变化趋势相近,均表现为单峰型,最大作物需水月均出现在 5 月,晋东南则表现为双峰型,最大作物需水月出现在 5 月和 7 月,且以 7 月为极值。这与当地的作物类型相关,晋东南是以冬小麦为主的一年两作,而山西省中北部是以春玉米等大秋作物为主的一年一作。

(5)将遥感数据应用于基于气象站实测数据的预测模型进行综合土壤墒情预测,结果显示,在山西省的墒情定性预报中显示的效果较好,预测精度理想,达到 85.7%。基于气象站实测数据的预测模型具有较高的时间精度,而遥感数据具有较高的空间精度;二者的结合,有效提高了预报结果在时间和空间上的精度,弥补了常规预测模型在空间上的不足。通过预报结果和实测数据的匹配验证,表明农业干旱趋势预报基本上能满足服务需求,对于农业生产具有一定的指导意义。

10.2　解决的关键技术

(1)基于三种模型:统计模型、遥感模型、数值模型,实现了利用自动气象站的实时监测资料和风云三号、风云二号卫星遥感数据对干旱的实时监测和预警,大大提高了山西省干旱监测的时效性和准确率。

(2)基于 Visual Basic 软件编制了灌溉预报程序,根据当前墒情,结合未来时段的气象预报,利用水量平衡原理进行农田用水动态管理,实现了灌溉量预报。其中,灌溉量预报模型考虑了非充分灌溉条件下耗水量随土壤含水量的变化而变化的情况,使灌溉预报模型更为准确,提高了预报精度。

(3)基于地理信息平台、数据库平台和 Web 开发平台,建立了"农业干旱综合监测预警系统"。系统依托于互联网,具有查看管理制图输出等功能,一方面简化了业务工作的程序,提高了工作效率,另一方面系统实现了山西省干旱监测预警的互联网共享,面向所有的用户开放,提高了系统的实用性和利用率,有效提高了全省作物农业干旱监测精度及预警及时性。

10.3　主要创新点

(1)传统的以蒸散发为基础的干旱模型在计算太阳辐射时不考虑天气的影响,而事实上,云对到达地面的太阳辐射影响很大,从而使计算的蒸散发数据在有云天气下存在很大的误差,降低了干旱监测的精度;传统的以温度和植被指数为基础的纯遥感干旱模型,由于植被对降水的滞后性影响,导致干旱监测也产生滞后性,同时遥感模型不考虑作物类型之间的差异,仅依靠传感器上得到的植被指数进行计算;而不同作物对旱情的响应机理差异很大,这些都无法从遥感数据上得到反映,使得监测结果不尽人意。而本研究使用的基于改进的蒸散发的干旱监测模型(CWSI),其模型机理是基于能量平衡和作物阻抗原理出发,不仅利用了地表参数的高空间精度，以及实时的气象要素的高时间精度，同时利用了 FY-2E 静止气象卫星得到了较为客观的地面太阳辐射数据。结果显示，在山西省的墒情定量监测中显示出很好效果，气象站实测数据与遥感数据的完美结合，有效提高了结果在时间和空间上的精度，弥补了常规模型的不足。

（2）本研究在干旱监测过程中是逐像元计算的。模型的输入数据主要有三种，遥感反演的地表参数为逐旬的多天合成数据，地表净辐射采用的 FY-2G 气象卫星的逐小时数据，气象数据为自动站逐小时数据。因此需要统一数据格式，在点向面转换的插值过程中，本研究充分考虑了山西省特殊的地形、地貌、纬度等背景参数，而不是简单地根据距离进行插值，使得插值结果更适合于山西这种复杂、多变的下垫面类型。

（3）遥感数据和统计模型相结合的综合土壤墒情预测模型，基于气象站实测数据的预测模型具有较高的时间精度，而遥感数据具有较高的空间精度，二者的结合，有效地提高了预报结果在时间和空间上的精度，弥补了常规预测模型在空间上的不足。

（4）基于 Visual Basic 软件编制了灌溉预报程序，根据当前墒情，结合未来时段的气象预报，利用水量平衡原理进行农田用水动态管理，实现了灌溉量预报。其中，灌溉量预报模型考虑了非充分灌溉条件下耗水量随土壤含水量的变化而变化的情况，使灌溉预报模型更为准确，提高了预报精度，为今后相关的业务工作开展打下了基础。

（5）基于地理信息平台、数据库平台和 Web 开发平台，建立了"农业干旱综合监测预警系统"，界面友好、图表可视化程度高、操作简便。平台基于 .NET 的 C♯语言和擅长矩阵数据处理的 IDL 语言建立，能够快速实现大量数据的计算需求，包括：太阳时角计算、净辐射总量计算、地面反射率计算、温度反演等常用功能，为今后相关的业务工作开展打下了基础。基于.NET 的 C♯语言具有良好的内存管理、代码执行效率以及良好的人机交互可视化界面，能够快速、高效地实现实现监测和预警结果的计算和网络共享，便于成果的转化应用。

参考文献

陈艳华,张万昌,2007. 植被类型对温度植被干旱指数(TVDI)的影响研究:以黑河绿洲区为例[J]. 遥感技术与应用,22(6):700-706.

陈云浩,李晓兵,史培军,2002. 非均匀陆面条件下区域蒸散量计算的遥感模型[J]. 气象学报(04):125-129.

邓辉,周清波,2004. 土壤水分遥感监测方法进展[J]. 中国农业资源与区划,25(3):6-49.

邓玉娇,肖乾广,黄江,等,2006. 2004年广东省干旱灾害遥感监测应用研究[J]. 热带气象学报,22(3):237-240.

董超华,1999. 气象卫星业务产品释用手册[M]. 北京:气象出版社.

杜春雨,范文义,2013. 叶面积指数与植被指数关系研究[J]. 林业勘察设计,2:77-80.

杜筱玲,魏丽,黄少平,等,2005. 蒸发力估算及其在江西省农业水资源评估中的应用[J]. 中国农业气象,26(3):161-164.

段永红,陶澍,李本纲,2004. 北京市参考作物蒸散量的时空分布特征[J]. 中国农业气象,25(2):22-25.

丰华丽,王超,李剑超,2002. 干旱区流域生态需水量估算原则分析[J]. 环境科学与技术,25(1):31-33.

傅晓珊,2008. 基于灰度梯度的遥感图像去云方法研究[J]. 测绘通报,(10):14-16.

耿鸿江,1993. 干旱定义述评[J]. 灾害学,8(1):19-22.

郭江勇,1999. 陇东干旱的分布特征[J]. 甘肃农村科技,10(2):6-10.

何瑞华,2001. 甘肃省主要农作物生长期水分盈亏状况分析[J]. 农业灌溉,9:39-40.

何延波,王石立,2007. 遥感数据支持下不同地表覆盖的区域蒸散[J]. 应用生态学报,(02):58-66.

胡荣辰,朱宝,孙佳丽,2009. 干旱遥感监测中不同指数方法的比较研究[J]. 安徽农业科学,37(17):8289-8291.

姜丽霞,李帅,纪仰慧,等,2009. 1980—2005年松嫩平原土壤湿度对气候变化的响应[J]. 应用生态学报,20(1):1-8.

康绍忠,1990. 土壤水分动态的随机模拟研究[J]. 土壤学报,27(1):17-24.

孔凡忠,刘继敏,吴雷柱,等,2006. 鲁西南历年逐旬土壤自然干旱程度序列模型[J]. 气象科技,34(3):311-314.

李红,周连第,张有山,2002. 北京郊区平原粮田土壤水分垂直变异特征[J]. 华北农学报,17(2):82-87.

李红军,雷玉平,郑力,等,2005. SEBAL模型及其在区域蒸散研究中的应用[J]. 遥感技术与应用(03):15-19.

李红军,郑力,雷玉平,等,2006. 植被指数—地表温度特征空间研究及其在旱情监测中的应用[J]. 农业工程学报,22(11):170-174.

李茂松,李森,李育慧,2003. 中国近50年旱灾灾情分析[J]. 中国农业气象,24(1):7-10.

李新辉,宋小宁,周霞,2010. 半干旱区土壤湿度遥感监测方法研究[J]. 地理与地理信息科学,26(1):90-93.

李亚春,徐萌,唐勇,2000. 我国土壤水分遥感监测中热惯量模式的研究现状与进展[J]. 中国农业气象,21(2):40-43.

刘丽,周颖,1998. 用遥感植被供水指数监测贵州干旱[J]. 贵州气象,122(6):17-21.

刘庆桐,2003. 中国气象灾害大典·山西卷[M]. 北京:气象出版社.

柳钦火,辛景峰,辛晓洲,等,2007. 基于地表温度和植被指数的农业干旱遥感监测方法[J]. 科技导报,25

(6):12-18.

陆圣女,2008. 基于 GIS 解放闸管域土壤墒情变化规律及预报模型研究[D]. 呼和浩特:内蒙古农业大学.

鹿洁忠,1987. 根据表层数据估算深层土壤水分[J]. 中国农业气象,8(3):60-62.

吕建民,耿芳,2012. 基于 ASP. NET 的小型企业 ERP 系统的设计与实现[J]. 科技信息,12(3):86-87.

马耀明,王介民,Massimo Menenti,等,1997. HEIFE 非均匀陆面上区域能量平衡研究[J]. 气候与环境研究,2(3):96-104.

马耀明,王介民,Massimo Menenti,等,1999.卫星遥感结合地面观测估算非均匀地表区域能量通量[J]. 气象学报,57(2):180-189.

马治国,陈惠,2008. 福州市地表干湿分布特征及其与农业干旱的关系[J]. 气象科技,6(1):82-86.

马柱国,魏和林,符棕斌,2000.中国东部区域土壤湿度的变化及其与气候变率的关系[J]. 气象学报,58(3):278-287.

齐述华,王长耀,牛铮,2003.利用温度植被旱情指数(TVDI)进行全国旱情监测研究[J]. 遥感学报,7(5):420-428.

秦大河,丁一汇,王绍武,等,2002. 中国西部生态环境变化与对策建议[J]. 地球科学进展,17(3):314-319.

粟容前,康绍忠,贾云茂,等,2005. 汾河罐区土壤墒情预报方法研究[J]. 中国农村水利水电(10):92-95.

孙志伟,唐伯惠,吴骅,等,2013. 用 NOAA-AVHRR 热通道数据演算地表温度的劈窗算法[J]. 地球信息科学学报,15(3):431-439.

陶荣华,陈标,陈捷,等,2012. 基于 IDL 对象图形法的二维海洋数据可视化程序设计[J]. 激光杂志,33(1):41-43.

仝兆远,张万昌,2007. 土壤水分遥感监测的研究进展[J]. 水土保持通报,27(4):107-113.

王红霞,2017. 基于气象大数据的干旱监测技术研究[M]. 郑州:黄河水利出版社.

王红霞,陈俊杰,白炜,等,2011. 二进制粒在旱涝序列相似性匹配中的应用[J]. 太原理工大学学报,42(04):325-328.

王杰,姜毅,梁石,2012. 基于 Mapobjects 的威海市经济技术开发区地籍查询系统的设计与实现[J],28(4):45-49.

吴孟泉,崔伟宏,李景刚,2007. 温度植被干旱指数(TVDI)在复杂山区干旱监测的应用研究[J]. 干旱区地理,30(1):30-35.

武永利,张洪涛,田国珍,等,2009. 复杂地形下山西高原太阳潜在总辐射时空分布特征[J].气象,35(5):74-82.

肖国杰,李国春,赵丽华,等,2006. 植被供水指数法在辽西干旱监测中的应用[J]. 农业网络信息,(4):106.

肖乾广,陈维英,盛永伟,等,1994. 用气象卫星监测土壤水分的试验研究[J]. 应用气象学报,5(3):312-318.

谢爱红,王士猛,等,2004. 利用 SPSS 进行山西省气候区划[J].山西师范大学学报(自然科学版),18(3):108-110.

辛晓洲,田国良,柳钦火,2003.地表蒸散定量遥感的研究进展[J].遥感学报,7(3):233-240.

闫峰,王艳姣,武建军,2009. 基于 TS-EVI 特征空间的春旱遥感监测:以河北省为例[J]. 干旱区地理,32(5):769-775.

杨丽萍,乌日娜,闫伟兄,2007. 利用植被供水指数法监测干旱的研究[J]. 干旱环境监测,21(4):226-239.

杨曦,武建军,闫峰,等,2009. 基于地表温度-植被指数特征空间的区域土壤干湿状况[J]. 生态学报,29(3):1205-1216.

姚春生,张增祥,汪潇,2004. 使用温度植被干旱指数法(TVDI)反演新疆土壤湿度[J]. 遥感技术与应用,19(6):473-478.

张存杰,王宝灵,刘德祥,1998.西北地区旱涝指标的研究[J].高原气象,17(4):381-389.

张红杰,马清云,吴焕萍,等,2009. 气象降水分布图制作中的插值算法研究[J]. 气象,35(11):131-136.

张宏森,朱征宇,2002. 四层 B/S 结构及解决方案[J]. 计算机应用研究,(9):20-22.

张丽,董增川,赵斌,2002. 干旱区天然植被生态需水量计算方法[J]. 水科学进展,25(1):745-748.

张鹏,杨军,董超华,等,2009.新一代极轨气象卫星风云三号 A 星及在轨试用情况[J].沙漠与绿洲气象,3(6):1002-0799.

张仁华,1991. 土壤含水量的热惯量模型及其应用[J].科学通报,36(12):924-924.

张仁华,孙晓敏,刘纪远,等,2001. 定量遥感反演作物蒸腾和土壤水分利用率的区域分异[J]. 中国科学 D 辑,31(11):959-968.

张仁华,孙晓敏,王伟民,等,2004. 一种可操作的区域尺度地表通量定量遥感二层模型的物理基础[J]. 中国科学:地球科学,34(s2):200-216.

张学艺,李剑萍,秦其明,等,2009. 几种干旱监测模型在宁夏的对比应用[J]. 农业工程学报,25(8):18-23.

赵广敏,李晓燕,李宝毅,2010. 基于地表温度和植被指数特征空间的农业干旱遥感监测方法研究综述[J]. 水土保持研究,5(17):245-250.

赵杰鹏,张显峰,廖春华,等,2011. 基于 TVDI 的大范围干旱区土壤水分遥感反演模型研究[J]. 遥感技术与应用,2(6):742-750.

赵同应,王华兰,魏宗记,等,1998. 山西省农业干旱预测模式[J]. 中国农业气象,19(3):43-47.

赵伟,2009. 基于 VSWI 的重庆市农业干旱评价研究[J]. 安徽农业科技,37(23):11070-11072.

赵英时,2003.遥感应用分析原理与方法[M]. 北京:科学出版社.

赵英时,陈冬梅,杨立明,等,2005. 遥感应用分析原理与方法[M]. 北京:科学出版社:366-409.

周晋红,李丽平,秦爱民,等,2009.山西干旱指标的确定及干旱气候变化[C]//第 26 届中国气象学会年会气候变化分会场论文集.北京:中国气象学会,1076-1088.

朱炳媛,谢金南,邓振铺,1998.西北干旱指标研究的综合评述[J].甘肃气象,16(1):35-37.

卓静,邓凤东,刘安麟,等,2008. 延安丘陵沟壑区土地利用类型坡度分异研究[J]. 气象科技,36(2):221-222.

Allen R G, Perira L S, Raes D, et al,1998. Crop evapotranspiration[R]. FAO Irrigation and Drainage Paper 24, Rome.

Bastiaanssen W G M,2000. SEBAL-based sensible and latent heat fluxes in the irrigated Gediz Basin, Turkey [J]. Journal of Hydrology, 229: 87-100.

Bastiaanssen W G M, Menenti M, Feddes R A, et al, 1998. A remote sensing Surface Energy Balance Algorithm for land(SEBAL), 1. Formulation[J]. Journal of Hydrology, 212-213(1-4):198-212.

Berk A, Bernstein L S, Anderson G P, et al, 1998. MODTRAN Cloud and multiple scattering upgrades with application to AVIRIS[J]. Remote Sens Environ, 65:367-375.

Biswas B C, Dasgupta S K,1979. Est imate of moisture at deeper depth from surface layer data[J]. Mausam, 30(4):40-45.

Bouchet R,1963. Evapotranspiration reele et potentielle, signification climatique[J]. Int Assoc Sci Hydrology, 62:134-142.

Brown K W, Rosenberg N J, 1973. A resistance model to predict evapotranspiration and its application to a sugar beet field[J]. Agron J, 65:199-209.

Carlson T N, Gillies R R, Perry E M, 1994. A method to make use of thermal infrared temperature and NDVI measurements to infer surface soil water content and fractional vegetation cover [J]. Remotesensing Review, 52:45-59.

Fan W L, Du H Q, et al, 2010. Effects of atmospheric calibration on remote sensing estimation of Moso bamboo forest biomass[J]. Chinese Journal of Applied Ecology, 21(1): 1-8(in Chinese).

Fuchs M,Tanner C B,1966. Infrared Thermometry of Vegetation[J]. Agronomy Journal,58(6):597-601.

Gao B, GoetzA F H, 1990. Column atmosphericwater vapor and vegetation liquid water retrievals from airborne imaging spectrometer data[J]. Journal of Geophysical Research, 95(4): 3549-3564.

Geotz S J, 1997. Multi-sensor ananlysisi of INDVI, surface tempera-ture and biophysical variable at a mixed grassland site [J]. Interation Journal of Remote Sensing, 18(1):71-94.

Idso S B, Jackson R D,1975. Reginato R J. Estimating evaporation: a technique adaptable to remote sensing [J]. Science, 189:991-992.

Jackson R D, Hatfield J L,1983. Estimation of daily evaptranspiration from one-time-of-day measurement[J]. Agricultural Water Management, 7:351-361.

Jackson R D,Idso S B, Reginato R J, et al,1981. Canopy temperature as a crop water stress indicator[J]. Water Resource Research,17(4):1133-1138.

Kaufman Y M, Sendra C, 1988. Algorithm for automatic atmospheric correction to visible and near-infrared satellite imagery[J]. International Journal of Remote Sensing, 30: 231-248.

Kerr Y H, Lagouarde J P, Imbernon J, 1992. Accurate land surface temperature retrieval from AVHRR data with use of an improved split window algorithm[J]. Remote Sensing Environ, 41(2-3):197-209.

Lambin E F, Ehrlich D, 1996. The surface temperature-vegetation index for land cover and land cover change analysis[J]. International Journal of Remote Sensing, 17:463-487.

Li Jia, Zhongbo Su, Bart van den Hurk, et al, 2003. Estimation of sensible heat flux using the surface energy balance system (SEBS) and ATSR measurements [J]. Physics and Chemistry of the Earth, 28: 75-88.

McKee T B, Doeaken N J, Kleist J,1993. The relationship of drought frequency and duration to time scales [M]. Pro-ceeding of Vulnerability. England: Cambridge University Press.

Menenti M, Choudhury B J, 1993. Parameterization of land surface evaporation by means of location depend-ent potential evaporation and surface temperature range[M]// Interpolation of Spatial Data. Springer, Berlin.

Monteith J L,1965. Evaporation and environment [J]. Symposia of the Society for Experimental Biology,19: 205-234.

Moran M S, Clarke T R, Inoue Y, et al, 1994. Estimating crop water deficit using the relation between sur-face air temperature and spectral vegetation index [J]. Remote Sensing of Environment,49:246-263.

Moran M S, Jackson R D, Slater Pn et al, 1992. Evaluation of simplified procedures for retrieval of land sur-face reflectance factors from satellite sensor output [J]. Remote Sens Environ, 41(2):169-184.

Nemani R R, Pierce L, Running S, Goward S, 1993. Developing satellite-derived estimates of surface mois-ture status[J]. Journal of Applied Meteorology, 32(3):548-557.

Price J C, 1990. Using spatial context in satellite data to infer regional scale evapotranspiration [J]. IEEE Transactions on Geosciences and Remote Sensing, (28): 940-948.

Richter R, 1996. A spatially adaptive fast atmospheric correction algorithm [J]. International Journal of Re-mote Sensing, (17):1201-1214.

Roerink GJ, Su Z, Menenti M, 2000S-SEBI: A simple remote sensing algorithm to estimate the surface ener-gy balance[J]. Physics and Chemistry of the Earth (B), 25(2):147-157.

Sandholt L, Rasmussen K, Andersen J,2002. A simple interpretation of the surface temperature/vegetation index space for assessment of surface moisture status[J]. Remote Sensing of Enviromrent. 79:213-224.

Shuttleworth W J,Wallance J S,1985. Evaporation from sparse crops an energy combination theory[J]. Quar-terly Journal of the Royal Meteorological Society,111(469):839-855.

Sobrino J A, Raissouni N, Li Z L, 2001. A Comparative Study of Land Surface Emissivity Retrieval from NO-AA Data[J]. Remote Sensing of Environment, 75(2):256-266.

Song W W, Guan D S, 2008. Application of five atmospheric correction models for Landsat TM data in vegetation remotesensing[J]. Chinese Journal of Applied Ecology, 19(4): 769-774(in Chinese).

Su Z,2002. The surface energy balance system (SEBS) for estimation of turbulent heat fluexes[J]. Hydrology and Earth System Sciences,6(1): 85-99.

Su Z, Schmugge T, Kustas W P, et al, 2001. An evaluation of two models for estimation of the roughness height for heat transfer between the land surface and the atmosphere[J]. J Appl Meteor, 40: 1933-1951.

Su Z, Yacob A, Wen J, et al, 2003. Assessing relative soil moisture with remote sensing data: theory, experimental validation, and application to drought monitoring over the North China Plain[J]. Physics and Chemistry of the earth, 28:81-101.

Tanre D, Legrand M, 1991. On the satellite retrieval of Saharan dust optical thickness over land:two different approaches [J]. Journal of Geophysical Research,96:5221-5227.

Vermote E, et al, 1997. Second Simulation of the Satellite Signal in the Solar Spectrum (6S) 6S User Guide Version 2[Z], 5.

Vermote, Eric F, Saleous E L, 2002. Justice Atmospheric Correction of MODIS Data in the Visible to Middle Infrared:first results[J], Remote Sensing of Environment, 83(1):97-111.

Wu B Y, et al, 1998. Practical Codes of Transmission Model of Atmospheric Radiation[M]. Beijing: China Meteorological Press(in Chinese).

Wulaben A, Qin Q M, Zhu L J, 2004. 6S model based atmospheric correction of visible and near-infrared data and sensitivity analysis[J]. Acta Scientiarum Naturalium Universitatis Pekinensis, 4:611-618(in Chinese).

Xu M, Yu F, Li Y C, et al, 2006. Atmospheric correction data with 6S on the EOS/MODIS[J]. Journal of Nanjing University (Natural Sciences). 42(6):582-589(in Chinese).

Yang J M, Qiu J H, 1996. The empirical expressions of the relation between precipitable water and ground water vapor pressure for some areas in China[J]. Scientia Atmospherica Sinica, 20(5):620-626(in Chinese).

Yang J M, Qiu J H, 2002. A method for estimating precipitable water and effective water vapor content from ground humidity parameters[J]. Chinese Journal of Atmospheric Sciences, 26(1):9-22 (in Chinese).

Zhang J, Wang J M, Guo N, 2004. Atmospheric correction of visible to middle-infrared of EOS/MODIS data over land surfaces by using 6S model[J]. Journal of Applied Meteorological Science, 12:651-657(in Chinese).

Zhang X W, 2004. A relationship between precipitable water and surface vapor pressure[J]. Meteorological Monthly, 30(2):9-11 (in Chinese).